45

新知文库

XINZHI

エリゼ宮の食卓

その饗宴と美食外交

エリゼ宮の食卓

その饗宴と美食外交

菜单中的秘密

爱丽舍宫的飨宴

[日] 西川惠 著　尤可欣 译

生活·讀書·新知 三联书店

图书在版编目（CIP）数据

菜单中的秘密：爱丽舍宫的飨宴／（日）西川惠著；尤可欣译.
—北京：生活 · 读书 · 新知三联书店，2014.3 （2021.4 重印）
（新知文库）
ISBN 978－7－108－04771－7

Ⅰ. ①菜… Ⅱ. ①西… ②尤… Ⅲ. ①饮食－文化－法国
Ⅳ. ①TS971

中国版本图书馆 CIP 数据核字（2013）第 273439 号

特别鸣谢 韩 冰 马 翔 陆琬羽 白紫阳
责任编辑 张 荷 王 竞
装帧设计 张 婷
责任印制 卢 岳
出版发行 生活 · 讀書 · 新知 三联书店
（北京市东城区美术馆东街 22 号 100010）
网 址 www.sdxjpc.com
经 销 新华书店
印 刷 北京市松源印刷有限公司
版 次 2014 年 3 月北京第 1 版
2021 年 4 月北京第 4 次印刷
开 本 635 毫米 ×965 毫米 1/16 印张 13.75
字 数 162 千字
印 数 15,001－18,000 册
定 价 29.00 元
（印装查询：01064002715；邮购查询：01084010542）

新知文库

出版说明

在今天三联书店的前身——生活书店、读书出版社和新知书店的出版史上，介绍新知识和新观念的图书曾占有很大比重。熟悉三联的读者也都会记得，20 世纪 80 年代后期，我们曾以“新知文库”的名义，出版过一批译介西方现代人文社会科学知识的图书。今年是生活 · 读书 · 新知三联书店恢复独立建制 20 周年，我们再次推出“新知文库”，正是为了接续这一传统。

近半个世纪以来，无论在自然科学方面，还是在人文社会科学方面，知识都在以前所未有的速度更新。涉及自然环境、社会文化等领域的新发现、新探索和新成果层出不穷，并以同样前所未有的深度和广度影响人类的社会和生活。了解这种知识成果的内容，思考其与我们生活的关系，固然是明了社会变迁趋势的必需，但更为重要的，乃是通过知识演进的背景和过程，领悟和体会隐藏其中的理性精神和科学规律。

“新知文库”拟选编一些介绍人文社会科学和自然科学新知识及其如何被发现和传播的图书，陆续出版。希望读者能在愉悦的阅读中获取新知，开阔视野，启迪思维，激发好奇心和想象力。

生活 · 讀書 · 新知 三联书店

2006 年 3 月

Contents

目　录

前　言

光看菜单，就让人甘拜下风

不留心的人，看到的也许不过是一张纸，纸上将宴会里提供的餐点、酒一项一项干燥无味地列出来而已。若是仔细推敲，这张呈现在每位客人眼前没几行字的菜单，实际上交织着各式各样的信息。依照十八、十九世纪法国美食家布里亚·萨瓦朗的说法，“餐桌上，看得到政治的精髓”，这句话足以说明一切。

主人邀请来的客人关系亲不亲密、重不重要，理所当然地会反映在菜单里。同时，客人的政治地位、所属社会阶层，以至于贵贱等级，都必须在菜单决定之前就调查清楚。此外，不同的宴会性质如饯行会、迎宾会等，菜单所表现出来的气氛也会不同。搞不好，有什么不能当面讲的话或秘密指令，都能通过餐点来传达！

前菜、主菜、甜点，搭配各种美酒与香槟——这一张精心设计过的菜单，看着看着，似乎可以从中瞥见正在构思着如何款待贵宾的主人，那苦苦寻思的姿势正栩栩如生地显现在菜单上。

拿法国一流的餐厅与贵为总统官邸的爱丽舍宫做个比较的话，两者最大的不同在于：一流餐厅的菜单上，菜色再丰富也是有限，而爱丽舍宫的菜单，却随着客人的不同而千变万化。当然，光看一道菜或

爱丽舍宫示意图

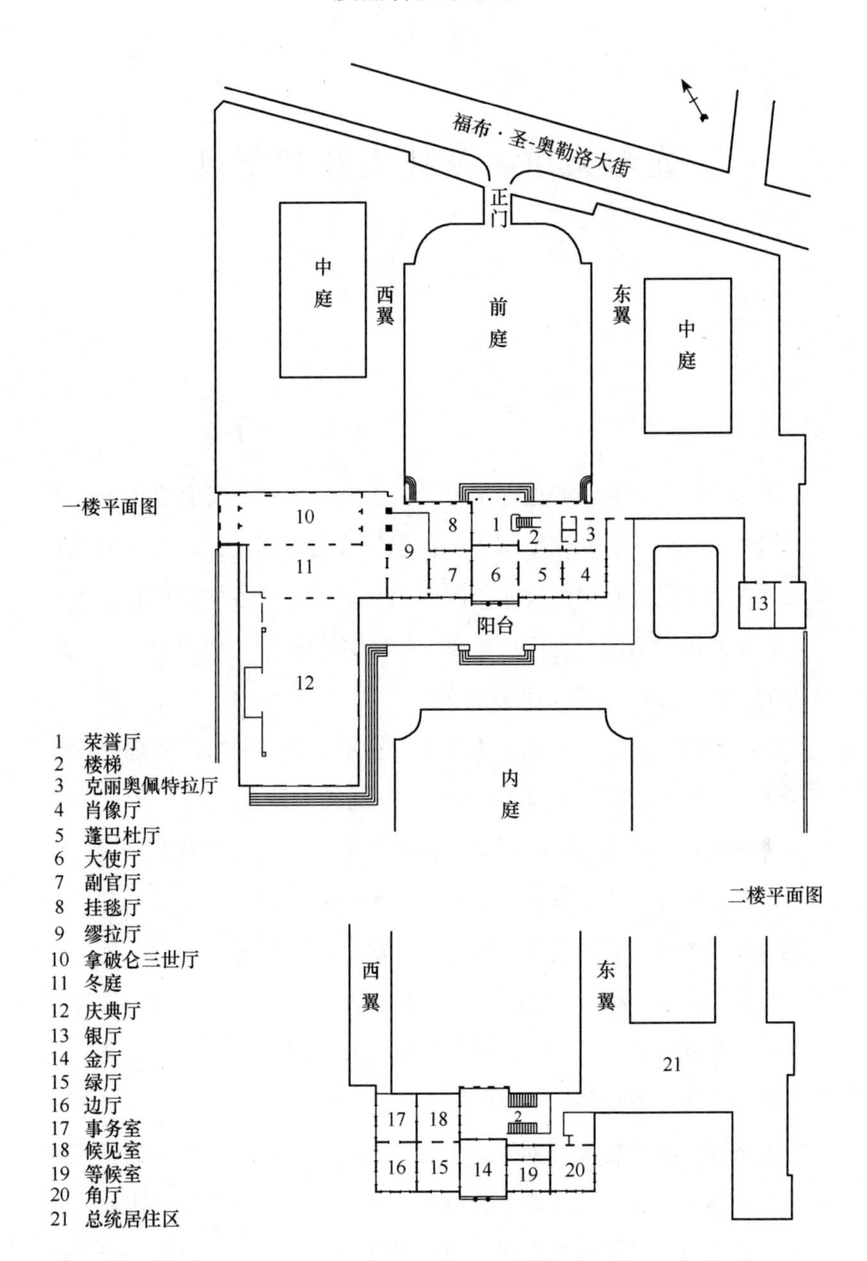

福布·圣-奥勒洛大街
正门
中庭
西翼
前庭
东翼
中庭
一楼平面图
10
8
1
2
3
11
9
7
6
5
4
13
阳台
12
内庭
二楼平面图
西翼
东翼
21
17
18
2
16
15
14
19
20
1 荣誉厅
2 楼梯
3 克丽奥佩特拉厅
4 肖像厅
5 蓬巴杜厅
6 大使厅
7 副官厅
8 挂毯厅
9 缪拉厅
10 拿破仑三世厅
11 冬庭
12 庆典厅
13 银厅
14 金厅
15 绿厅
16 边厅
17 事务室
18 候见室
19 等候室
20 角厅
21 总统居住区

许不觉得有什么，但是当各式各样的前菜、主菜、甜点排列组合起来，再配上不同的白酒、红酒、香槟，客人享用的就不再是单纯的餐宴了。为什么要这样费尽心思？因为，依客人身份的不同来改变菜单，才足以表达宴会主人的政治意图，这也正是爱丽舍宫餐桌的真髓。

1988 年因艾滋病去世的法国社会学者让·保罗·阿隆就曾经明确地指出来，美食不仅仅是美食而已，实际上它还包含了政治意图。阿隆在他所写的《十九世纪的饕客》一书里，以社会学的观点叙述：

> 法国大革命之后，中产阶级登上权力的宝座，他们被旧体制时期的欲望给掳获，开始追逐奢侈和享乐。……美食的含义于是拓展开来，既是威望与卓越的象征，又是一种征服的夸示、展现权势的道具，同时也代表了成功与幸福。

中产阶级从贵族手中夺取了美食文化，添油加醋一番，形成中产阶级餐宴（Cuisine Bourgeoisie），这也是今日法国餐宴的起源。爱丽舍宫的餐桌上分得出高下，看得出等级，就是因为完全继承了传统。美食不再是单纯的美食，它还披着复杂的政治外衣。

在各式各样的外交场合中，放上餐点和醇酒，政治的姿态就显露无遗。餐桌，是一个香味四溢又可窥尽政治秘密的地方。

第一章

两位美国总统

那天下午，爱丽舍宫热闹非凡，“拿破仑三世厅”的记者招待会现场挤满了上百位记者。我到达会场的时候，椅子差不多坐满了，只好选一个中央偏后的靠墙空位赶紧坐下。前面两三排的位子都被美国的媒体占着，他们叽叽喳喳聊个不停，一直到记者会要开始了还停不下来。不知道为什么，美国的记者群人数虽然比不上地主法国记者，声势却不落人后，好像到哪儿他们都能以率真的活力掌握主导权。连我那位好动、嗓门又大的法国记者朋友都甘拜下风，乖乖地坐在自己的位子上。

那是1993年1月3日，1月20日就要将总统宝座让给克林顿的美国总统布什，和法国总统密特朗一起召开记者会。布什总统当天中午过后才从莫斯科飞抵巴黎，一落地就直驱爱丽舍宫与密特朗总统会谈。由于巴黎之行属于非正式访问，会谈和记者会之后，便将乘专机飞回华盛顿。

布什总统这次访问莫斯科的目的，主要是为了签署“美俄第二次战略武器削减条约”（START 2），希望和俄罗斯达成一个共识，就是在2003年前将战略核兵器削减到现有的三分之二。

身为一个终结核武世界的领航者，布什这次签署合约的行动，不外是想在下台前为自己的政治名声添些光彩，但是在忙碌的卸任之际，还特意来访问莫斯科和巴黎，其实还隐含着另一层意义，那就是对法、俄这两位共同创造新世界秩序的伙伴，表达由衷的感谢。

1989 年 11 月，柏林墙倒塌，德国统一，东欧各国趁这个契机纷纷展开民主化运动。再加上 1990 年到 1991 年间的海湾战争，布什总统俨然以领袖的架势带领大家渡过难关。这些功劳，无论如何都该分一些给当时的苏联总理戈尔巴乔夫和法国总统密特朗，要不是他们两位鼎力相助，可能也看不到今天这样的国际相貌了。

事实上，德国的统一少不了戈尔巴乔夫的功劳。当时苏联国内反对声浪四起，戈尔巴乔夫独排众异带头承认统一的德国，接连而起的东欧民主化、苏联解体等，都在他的默认下风行草偃地进行。

而海湾战争爆发前，西方国家中与伊拉克关系最密切的要算是法国了。当时密特朗总统不顾国会亲伊派的反对，派兵前往沙特阿拉伯加入美国领军的国际兵团。只可惜，一般大众拘泥于法国至上的骄傲情结，再加上对美国的霸权主义抱着深刻的警戒和怀疑，所以法军接受美国的指挥这回事，在国内引起强力反弹。法国国防部长一直不服这项决定，终于在 1991 年 1 月为抗议联合军队的空爆事件辞职下台。即便如此，密特朗总统还是未改初衷，坚持与美国并肩作战。

当然，归根究底，戈尔巴乔夫与密特朗两位领袖还是为了本国的利益才会有这些坚持，只是刚好他们的算计与布什总统相互呼应罢了。我在法国这段期间，有好多次听到密特朗总统把“布什总统真是欧洲的知音”这句话挂在嘴上，然而战后法国一反本色，一路反对美国的霸权主义，当初密特朗的那句美言现在倒显得有失偏颇了。

以海湾战争的胜利作为跳板，布什和戈尔巴乔夫继续在 1991 年 10 月西班牙马德里的中东和平会议上，一口气处理了苏联、东欧的民主化运动，并且为阿拉伯国家与以色列长久以来的纷争寻求了一个解决之道。但是一年后，布什却在国内的总统大选中尝到了失败。这次意外的败北，可说是重蹈英国前首相丘吉尔的覆辙。丘吉尔在第二次世界大战中领导联合国赢得胜利，却在停战后的大选中落败并退出政治舞台。就像他自己在第二次世界大战期间说的："我全心全意投入战争，从开始到结束，到最后竟然连国内发生的事都不能理解了。"这段语重心长的话十足道出布什总统的处境：打破长久以来的冷战，又在海湾战争中获胜，虽然在外交上立下了大功，却疏忽了内政。他们两位都有一个共同点，那就是在旧体制崩解、新秩序诞生之际，被自己的国民遗弃。

记者会比原定时间晚了二十分钟，大约在4点20分左右两位大总统才进入"拿破仑三世厅"。接着，美国第一夫人芭芭拉与法国第一夫人达妮埃尔也进入会场，气氛格外轻松。美国白宫幕僚长贝克、农业部长马迪根，法国外交部长杜马以及两国的阁员都到齐了。

会场上采用美式风格，准备了两个站立式讲台，右边是密特朗总统，左边是布什总统。一般说来，密特朗总统召开记者会的时候都是坐着，这次是因为主角是布什总统，才刻意采取站姿，当然这也暗示记者会不会拖太久。说起来这次记者会还真不寻常，因为除非是以国宾之姿正式会面，不然像这一类非正式访问是几乎不可能召开记者会的。

密特朗总统先是与布什针对波斯尼亚纷争及新多边贸易交涉等悬案各自发表了意见，然后接受记者提问。密特朗总统看记者提问差不多结束，便开口说：布什总统现在得赶回华盛顿了，我想记者会就在此告一段落吧。但是，最后请容我说一句话。

"从1981年我就任总统的时候开始，布什总统和我就一直是老朋友，当时他是里根总统的副总统，也是我就任以来的第一位外国贵宾。从那时起我们一路携手走来，虽然有时意见相左，但彼此的友情和信赖感从不动摇。私底下，我也一直盼望布什总统夫妇可以常来巴黎，巴黎永远欢迎两位。”

布什总统接着说：“是不是也能让我再多说一点，”他有点脸红地说：“我想先强调，接任的克林顿总统和我一样重视欧洲的情势，美国的外交政策将会一贯到底。此外，我和密特朗总统的友情，从四年前我未就任总统时就开始了，每次来访巴黎，芭芭拉和我都受到密特朗总统夫妇真诚的招待，这份友谊，我们终生都忘不了。”

说到这儿，可以看见坐在后排的总统夫人芭芭拉从皮包里拿出手帕偷偷地拭泪。“好吧！我们出发吧。”密特朗总统对布什总统说，然后结束了短暂的记者会。达妮埃尔、芭芭拉两位夫人领头，两位总统及随从官员陆续步出会场，记者为了捕捉两位总统肩并肩走在一起的背影，使整个会场都沐浴在此起彼落的闪光灯中，直到他们的身影消失在门外。

走出热气腾腾的会场，来到爱丽舍宫的前庭，身体被刺骨的冷空气包围，冬季短暂的白昼就快结束。一转身，华丽气派的爱丽舍宫映入眼帘，大厅的传统吊灯都点起来，在黯淡的天色中显得格外耀眼。透过窗户，可以见到身着燕尾服的服务生忙碌地在走廊上穿梭。虽然才五点半，爱丽舍宫内为布什总统夫妇准备的送别晚宴就快开始。

本来布什总统夫妇在记者会后是要直接赶往机场的，但是密特朗总统请求布什总统“无论如何请留下来用餐”，布什总统当然欣然接受。只是，布什总统回到美国后的行程排得很紧，爱丽舍宫内的流程不得不赶一点，记者招待会后直接进入晚宴会场，结束晚宴又得匆匆忙忙赶往机场。为了配合这点，平常八点半才开始的爱丽舍宫晚宴只好大幅地提前。

一楼“肖像厅”的东边和南边都面向爱丽舍宫的中庭，这个中庭又深又长，直达后面的卡布里耶大道，坐在“肖像厅”里可以一眼看尽整个庭院。麻雀虽小五脏俱全，这个精巧舒适的房间，在第一帝国时期（1804—1814）曾被当作拿破仑的办公室。第二共和时代(1848—1852）被充当成内阁会议室，接着第二帝国期（1852—1870）又被大肆改装，拿破仑三世在房间内挂满了欧洲各王室君主的肖像，如英国维多利亚女王、俄沙皇尼古拉一世等，从此，这个房间就一直被称作“肖像厅”，到现在为止，那些君王的肖像还一如当年地挂在那儿。

房间一律是淡雅的乳白色，壁面和天花板有金色的曲线纹饰。整体装饰保持18世纪初爱丽舍宫初建成时的洛可可风格，混合一些帝国时期式样（安格尔风格），独具一格。房里有大理石暖炉，炉台上放着路易十五传下来的钟，闪着金黄色的钟摆，两旁是路易十六时代的金烛台。铺在地板上的更不得了，是18世纪起就有的萨伏纳里地毯。

通常超过百人以上的盛大飨宴都是在爱丽舍宫里最宽广的大厅“庆典厅”举办，人数少的时候，就经常改在这间“肖像厅”开席。这天，参与宴会的除了密特朗、布什夫妇之外，只有两国总统秘书、重要官员等十二三人。省掉一般欢迎国宾的冗长致辞，一等全员就位，侍者就开始在酒杯里注上香槟。密特朗总统轻轻地举起酒杯，为布什总统特设的晚宴就开始了。

菜单如下：

餐　点

牡蛎大海交响曲

兰德地方阉鸡（chapon），佐以猪血香肠（boudin）

清蒸香草

乳酪

巧克力——哈密瓜甜点

~酒与香槟~

酒

科尔登·查理曼（Corton-Charlemagne） 1982年

（路易·拉图酒厂）[①]

白马酒庄（Chateau Cheval Blanc） 1971年[②]

香槟

克鲁格顶级调配酒 大瓶装（Krug Grande Cuvee）

（克鲁格酒厂）[③]

前菜“牡蛎大海交响曲”的做法是：将新鲜牡蛎在小火上过一下，拌上奶油酱汁。而主菜阉鸡是用阉过的肥公鸡做的，肉质柔嫩又多汁。12月到来年1月之间是阉鸡脂肪最多的时期，圣诞节或其他庆典时常常拿来当作餐宴的材料。猪血香肠则是猪血混合脂肪灌的肠，和阉鸡配合在一起，口味绝佳。

密特朗总统对牡蛎非常着迷，生牡蛎淋上一点柠檬或醋，这样简单的餐点，他一口气可以吃上一打。爱丽舍宫现在还流传着许多总统与牡蛎的轶事。

有一次，总统视察大西洋岸布列塔尼，当晚，依照预定要在孔卡诺市的市政厅演讲，地方上的名士和达官显要都到齐了，就等总统上台。但是，过了一个多小时还不见密特朗总统的身影。是不是水土不服生病了？还是因为政治上的理由临时更改行程？流言在参会者之间传来传去，终于，在迟到两小时之后总统现身了。大家这才晓得，原来都是牡蛎惹的祸。由于布列塔尼是有名的牡蛎产地，密特朗总统早就希望在这里大快朵颐一番，在前往演讲的途中总统经过一个小渔港，忍不住叫车阵停下来，一个人点了两打生牡蛎，痛快地享受一番。在爱丽舍宫里也是，总统常常在没有安排晚宴的夜晚，从外面的海鲜馆点一些生牡蛎回来和同事一起享用。

其实，布什总统也是海产品的爱好者，密特朗总统早就知道这一点，特别指示主厨一定要趁牡蛎最鲜美的季节，做一道特别的牡蛎前菜。可惜的是，在外国元首面前上一道生食，毕竟还是有点不合适。为了避免食物中毒，不得不用小火微微地烤一下。和这道菜同时送上来的，是浓郁芳香口感柔顺的科尔登·查理曼极品白葡萄酒[④]。它的味道和淋了奶油酱汁的牡蛎搭配起来，简直天衣无缝。

勃艮第的著名酒乡金丘（Cote d'Or）附近，有一个叫阿罗斯·科尔登的村子，这儿生产的葡萄酒都称为科尔登·查理曼。这是因为这块土地的所有者就是公元八九世纪时统一欧洲的西罗马皇帝查理曼。现在，凡是有元首出席的餐宴，都会摆出这款酒。同一品名中再以等级区分，路易·拉图厂出产的算是特级品，也是少数附有保证书的名酒。

主菜阉鸡也不简单，生产时节之外时只能吃到冷冻鸡。布什总统来访的一月份，刚好是脂肪丰富味道最鲜美的盛产季节。主厨这样描述："阉鸡用辛香料浸渍一下，再夹着兰德产的鹅肝酱香烤，鹅肝酱的味道会微微地融开来，和肉汁混合在一起就成了独特的酱汁。"我采访的时候，脑子里想着鹅肝酱和阉鸡的纤细肉质融合出来的美味，不经意地"咕噜"一声咽了口水。

这一道餐中最受瞩目的还是与主菜搭配的红酒：白马酒庄，但实际上这种酒在产地波尔多知名度不高，为什么它会备受瞩目？答案只有一个，就是它是内行人才懂得欣赏的酒。白马酒庄在圣艾米隆地区的分级制度中属于Premier Grand Cru Classe，也就是"一级特级"[⑤]，但它的知名度还不如拉图酒庄（Chateau Latour），一般说来，招待美国总统或西方各国元首的餐宴中，搭配主菜的酒通常都采用拉图酒庄或拉菲—罗斯柴尔德酒庄（Chateau Lafite-Rothschild）等高级又知名度高的酒。

这次餐宴的慎重还可以从另一方面看出来，那就是香槟的选用。香槟是克鲁格酒厂出品的；通常，爱丽舍宫会摆出这家酒厂的香槟酒，就表示有最重要的贵宾会出席。一般的餐会中，菜单上绝对不可能出现这个牌子的香槟。

克鲁格酒厂一直严守世袭制度，把酿香槟酒当成一种手工艺，一代一代传下来。酿酒原料坚持用最上等的葡萄榨出来的第一道汁，而发酵用的容器则反其道而行，摒弃当地流行的大型不锈钢容器，采用传统小型橡木桶子。发酵过程好不容易结束后，若出来的味道不好，就全部倒掉，绝不鱼目混珠。百分百的手工作业使得整个生产过程特别麻烦，和其他香槟同业比起来，产量也少得多，所以相对的，价格也比别的牌子贵得多。

这次聚餐，布什总统并没有要求国宾待遇，只是以私人身份参加。但是看看菜单，搭配前菜和主菜的葡萄酒都是最高级的，加上香槟酒又是鼎鼎大名的克鲁格酒厂出品，这样的派头，即便在爱丽舍宫也算是不得了的。

密特朗总统没有轻易把设计这道飨宴的责任丢给别人，一开始就向负责菜单的执行长和主厨提出自己的构想，然后在最后决定方案的时候亲自下判断。任何一道菜，任何一道酒的选择都不容许有疏忽。正因为这样，整个筵席的流程早在菜单决定时就设计好了，也直接反映总统对客人的用心。从这份菜单中不断涌出一个信息，那就是密特朗总统和布什总统建立了深厚信赖的关系，因此他希望办一场“打心底感到温暖的送别宴会”。

密特朗总统和布什总统的相遇相知，是从 1981 年 5 月的一次会见开始，那时身为社会党总统候选人的密特朗初尝胜选滋味，两人的友谊从那时就一直维持到现在。当时，密特朗是法国第五共和（1958 年至今）第一位社会党总统，身为西方盟国之首的美国对这个结果感到担忧。再加上密特朗有意延揽极为亲苏的共产党员入阁，表示要和共产党组成联合政府；并且，又实践选举时的政见，包括支援被压迫的第三世界国家，并提倡产业国有化。从各方面看来都像是社会主义色彩浓厚的政府。对当时美国里根政权来说，法国首度让共产党有了参政权，从此之后，其他共产势力较强的西方各国如意大利也将会跟进，实在令人忧心。

法国被排除在北大西洋公约组织（NATO）的领导阶层之外，因为其他成员担心法国代表若进入北大西洋公约组织核心，可能会通过法国共产党将组织的军事机密流向苏联。美国国务卿海格曾严厉指出："法国共产党参与社会党的执政，对美法之间的友好关系有负面影响。"

于是里根政权火速派遣当时还是副总统的布什前往巴黎，目的是探查法国新政权的走向。那次会谈中密特朗总统向布什说明：若共产党真的被社会党纳入体制中，共产党岂不是失去他们的本质？同时他还保证，为了巩固法美同盟国的关系，外交、国防、内政等重要的部门不会聘任共产党员任职。

这次的促膝长谈，彼此敞开心胸，两人意气相投，密特朗总统对布什抱持十足的信赖感，而布什也相信密特朗总统绝对是协助西方国家发展的好伙伴。回国后，布什将对密特朗总统的印象详细说明一番，并努力抹去里根政权对法国新政府的疑虑。过了一段时间，国务卿海格的发言也不再那么强硬："我们认为法国政府内阁的提名是属于内政问题，不予干涉。"美国政府的态势之所以能逐渐缓和下来，布什的游说功不可没。

和布什副总统并驾齐驱，从一开始就对密特朗赞赏有加的，是尼克松总统时代的国务卿基辛格博士。"我比里根政权还要早改变对密特朗总统的看法，"他后来对外界表示，"根据我的想法，社会对这位有社会主义思想的法国总统的评价，就像卢浮宫前要盖玻璃金字塔的过程一样，起初大家抱持着不信任的警戒心态，但转眼间又变成了热烈的支持者。”卢浮宫前广场的一角盖起超摩登玻璃金字塔是在 1988 年，虽然现在已经成为一个颇受欢迎的观光景点，但在筹划阶段却饱受舆论抨击，基辛格借这个例子表示他对法国政府的信心。

另外，基辛格对密特朗总统评价最高的一点是他对苏联采取的姿态：一方面坚持自己社会主义者的身份，一方面强调自己属于西方国家的一员，从而灵巧地摆脱了苏联想要分化美欧的策略。在密特朗之前的戴高乐、德斯坦等历任总统，都是一边牵制美国的霸权主义，一边私下和苏联建立交流渠道，以建立自己的外交模式。这对美国来说根本就是“自私地享受西方国家的福利之外，同时还玩弄美苏于股掌中”，“不但中了苏联分化美欧关系的计谋，还导致西方世界的秩序混乱”。相反地，密特朗总统正因为自己是社会主义者，对于社会主义国家更抱持一种严厉的态度来省视。因此基辛格博士才会提出“密特朗总统是法国历任总统中最佳的盟友”这样高的评价。

密特朗总统在十四年的任期中，一有机会就会在爱丽舍宫或大西洋沿岸、兰德地方的别墅招待基辛格，并向他请教国际政治局势。一方是社会主义者，一方是美国共和党的领袖，对于这奇妙的组合自然有负面的流言传播：“密特朗刻意保持和基辛格的关系，其实是事先算计好的，以便缓冲来自保守派的政治攻击。”但事实上，他们两位根本跨出了主义的界线，认同对方是有才能的谈话对象。

自从 1989 年 1 月布什就任总统以来，美法两国的关系以两位总统个人的交情作主轴，形成了战后最具信赖感的结合。两人的政治作风有很多相似之处。例如，布什总统在决定国际事务的时候，不会偏袒美国本身的利益，而是多方考量西欧各国的意见才下断语，这点和密特朗总统慢条斯理解决事情的作风不谋而合。另外，两人在第二次世界大战时都曾经参战，体验过死亡的威胁。布什总统担任过战斗机驾驶员，座机曾被日军击落。密特朗总统也两度成为德军的俘虏后惊险逃脱，成为抗德运动的一分子。冷战终结、海湾战争、世界局势动荡不安的时期，两位总统仍然在私下维持深厚的互信关系，实在难得。

1992 年 10 月美国总统大选，布什指望连任。英国首相梅杰甚至明白表示“希望布什总统能再度当选”。虽然这个声明在克林顿当选总统之后造成了双方尴尬的局面，但坦白说，英国首相所想的也正是西欧主要国家的心声。巴尔干半岛上的纷争不断、苏联解体后俄罗斯的动荡不安等，西欧各国的领袖急需美国紧密协助，在这个节骨眼上，他们却失去了一位深知欧洲局势的好伙伴。所以，爱丽舍宫里的这顿晚餐，充满了密特朗总统的浓厚情谊，算是对布什夫妇，这对携手共同建设世界新秩序、却不得不中途退场的老朋友致敬。

克林顿总统与希拉里夫人于 1993 年 1 月 20 日入主白宫，但以国宾身份正式访问爱丽舍宫则在 1994 年 6 月 7 日，整整迟了一年五个月。访问的前一天，6 月 6 日，法国西部诺曼底举行登陆五十周年纪念，克林顿总统参加了这场纪念仪式，隔天才踏入巴黎。

密特朗总统在爱丽舍宫最大的宴会厅“庆典厅”举办盛大餐会，来欢迎新上任的美国总统夫妇。招待的贵宾除了两国政府官员之外，还包括金融界、文化界等人士约 250 人。除此之外，美国人熟知的法国女星珍妮 · 摩露（Jeanne Moreau）、香颂歌手米雷耶 · 马蒂厄（Mireille Mathieu）都受邀参与盛会。

当晚的菜色如下：

餐 点

龙虾慕斯，佐以鱼子酱

鹌鹑焖松露

什锦香草沙拉

乳酪

糖渍莓子点心

~酒与香槟~

酒

蒙哈榭（Les Montrachet） 1986 年

（宝尚父子［Bouchard Père et Fils］酒厂）

拉克鲁斯酒庄（Chateau de Lacroux） 1970 年

香槟

于那神父粉红香槟（Dom Ruinart Rose） 1985 年

（于那酒厂）

用法国菜招待贵宾的时候，一定少不了龙虾、鱼子酱、松露、鹌鹑这些高级食材。

搭配前菜龙虾用的蒙哈榭白酒，是勃艮第地区的特级酒。对龙虾这道菜来说，蒙哈榭是独一无二的选择。甚至可以说它是白酒中的圣品，19 世纪法国小说家大仲马曾写过："在它面前，你应该先脱帽、鞠躬致敬，然后才可以畅饮。"它带着一种蜂蜜和杏仁果混合的香味，充满润滑醇厚的味道，可说是逸品中的逸品。

比较耐人寻味的是和主菜"鹌鹑焖松露"搭配的，是波尔多地区拉克鲁斯酒庄红酒。酒的生产年份很好，口感纤细成熟度高，很能将松露的香味淡淡地带出来，与主菜的风味产生共鸣，看得出来是一项深思熟虑过的设计。

只是，这款酒的产地：波尔多的波美侯区没有酒类分级制度。虽然波尔多其他产区都接受了公定的酒类分级制度，唯独波美侯区保持一贯的反对态度。并不是说没有分级制度的酒就不好，也不能因为没有标上等级就认为它没名气。相反地，波美侯区的酒一般来讲品质都很好，口感滑顺。而拉克鲁斯酒庄的品质在此区属于中上等，加上它是爱丽舍宫选酒师经过多次试饮后才选出来的，以内容来说算是相当好的酒。问题不在于它到底是不是好酒，而是它的知名度。在这样一个招待西方盟主的国家级晚宴上，为什么选出一个没有等级的酒？实在令人纳闷。况且，在它之前搭配前菜的酒还是赫赫有名的勃艮第区特级品：蒙哈榭酒。

要是这场宴会是密特朗总统个人招待朋友的私人饭局，那就另当别论，但这可是美国总统以国宾身份第一次访问法国的超级国宴，竟然拿出一款没有等级的酒来招待，这在爱丽舍宫里面也算是非比寻常的。就算没有等级，若是众人皆知的上等名酒还可以让人接受，但拉克鲁斯酒庄这款酒实在是很小的品牌，在美国根本没有贩卖。也就是说，美国的消费大众根本没听过这种酒。

以一般欢迎美国总统的国宴来说，拿出木桐—罗斯柴尔德酒庄(Chateau Mouton-Rothschild)、拉图酒庄，或拉菲—罗斯柴尔德酒庄等高知名度的红酒来搭配主菜才算是正常。而且，这些酒和前菜的蒙哈榭极品白酒之间不会产生太大的落差，整个上菜的流程感觉也顺畅一点。就算用次于特级的一级酒来搭配主菜，说实在也不算奇怪。但偏偏选了这个没有等级之分又没什么名气的拉克鲁斯酒庄，不免让人奇怪。

克林顿总统不仅爱酒，甚至可以说是位品酒高手，好酒或是马虎的酒，他从味道就可以辨别出来，这一点，密特朗总统当然事先就略有所闻。

若从好的方面来解释他选择拉克鲁斯酒庄的理由，应该是想对美国方面暗示：美酒的领域里，法国还拥有许多美国不知道的部分。即使听都没听过，还是有非常了不起的好酒。趁此机会，让美国见识见识法国雄厚的美酒资源。此外，克林顿总统真如传闻所说品酒造诣很深的话，应该一尝到拉克鲁斯酒庄就会惊叹不已，然后向旁座的密特朗总统请教酒的底细，话题就此源源不绝才对。从这点看来，密特朗总统真不愧姜还是老的辣，一有机会就挖苦年轻总统。

但这件事其实还有其他解读的方式，那就是原本这一餐可以办得更完美，密特朗总统硬是不想摆出最豪华的排场也说不定。

通常在爱丽舍宫的飨宴前，大厨会先列出三套精心策划的菜单，经过执行长认可之后上呈给总统，总统再从这三套菜单中选出一套再定案。偶尔，总统对这三套菜单都不满意，指示负责人重新提案的状况也会发生。在这种情况下，考量的准则通常无关喜好，不是因为总统自己想吃的没被列入菜单而要求更换（当然还是有例外），比较可能的是基于政治考量，总统可能认为“欢迎晚会应该是这样才对”，而换上符合条件的菜色。总之爱丽舍宫的国宾飨宴总是结合了浓厚的政治意涵，“餐桌上看得到政治的精髓”。布里亚 · 萨瓦朗的这句名言一语道破了爱丽舍宫飨宴的本质。

若要进一步探讨这次欢迎克林顿总统晚宴中的政治意涵，准备阶段提案的菜单是一个线索。不妨先看看主厨向密特朗总统提出的三套菜色。

A案

鹅肝冻

肥鸡淋松露

时令沙拉

乳酪

覆盆子果甜点

B案

龙虾慕斯配鱼子冻

鹌鹑焖松露

什锦香菇沙拉

乳酪

糖渍莓子点心

C案

龙虾冻

乡村酱烤乳羊

季节什锦沙拉

乳酪

焦糖梨子甜点

主厨向密特朗总统提出的三个方案，由A至C愈来愈显豪华，高下不在于味道好坏，而是稀有高级食材的使用程度。这种不成文的规定不是这次招待克林顿总统的时候才有的，而是一直以来菜单提案的惯例。因为有这种等级顺序，总统在最后定案的时候，可以作为一个参考的准则。克林顿总统的这次餐会，密特朗总统最后决定采用中级的方案。

对于以国宾之尊前来参加飨宴的美国总统，菜色竟然不是最高等的C案，而是次一级的B案，加上配合主菜的红酒又是没名气的拉克鲁斯酒庄，两者合在一起考量，就能明显看出密特朗总统对克林顿总统的评价了。

密特朗总统对这位相当于自己儿子年纪的克林顿到底是怎么看待的呢？前外交部发言人约翰·莱维对我说："对密特朗总统来说，克林顿总统绝对不是不善处理人际关系的人物，甚至我认为克林顿总统在餐桌上幽默风趣的作风给人很大的好感。除此之外，相较于美国历任总统，克林顿总统对欧洲比较不抱警戒心，愿意看见欧洲统合的进展有成，而不担心欧洲会'把美国排除在外'。这点密特朗总统非常赞许。"

确实，克林顿总统对于欧洲统合这件事，并不像历任总统一样表现得那么神经质，但这不表示美国的立场真的那么宽容，可以对欧盟（EU）产生的经济摩擦不在乎。扯上经济利害时，美国还是会以严谨的态度去处理与欧盟之间的关系。

美国之所以对于欧洲统合这件事抱着"乐见其成"的态度，原因可能有两个。第一，欧洲统合一如往常丧失了向心力，加上让东欧各国加入欧盟的趋势也迫在眉睫，欧盟现在处于一个来不及向下扎根深化、就不得不扩大的状况，因此对美国来说，欧盟的威胁反而减少。第二，美国对欧洲的关注越来越淡薄，在从前冷战的体制下，美欧团结是优于一切的外交课题，然而冷战结束后，美欧关系开始变得松缓，美国战后世代受这种情况影响，自然对欧洲的观感不同；克林顿总统也属于这个世代，他的登场使美国与欧洲的关系免不了产生急速变化。随着克林顿政权对内政的重视，外交上也将重心转移到亚洲问题上，美欧关系日趋薄弱。

克林顿总统就任后一年五个月才首次访问法国，这算是少见的，美国总统中很少像他一样经过这么长的时间才想到要访问法国。而克林顿总统第一次欧洲访问行程也很迟，是在就任一年后的1994年1月，以北大西洋公约组织的主席身份，参加在布鲁塞尔召开的会议。回想布什总统曾是那么重视与西欧的关系，积极与各国首长建立紧密的私人友谊，相较之下，克林顿总统不免给人一种疏离欧洲的印象。

也难怪法国方面虽然以国宾之礼招待克林顿总统，晚宴上却未启用最高等级的菜单，显示出美法关系已变质，两国总统之间的私人友谊也淡薄而无缘。

若不在乎误解与否，依据密特朗总统的性格来大胆推断的话，他在餐会上选用默默无名的拉克鲁斯酒庄红酒的用意或许是在暗示：要成为一个称得上是西方世界领袖的政治家，你还太嫩了一点，要当个与特级红酒相称的领导者，你还不够格。一向爱挖苦人的密特朗总统会有这样的小动作，实在不令人意外。

相隔一年半，迎送了新旧两位美国总统的爱丽舍宫的餐桌上，摆出截然不同的菜色，在那之中投射着密特朗总统对两位美国总统不同的亲切感，也投射着一个政治领导人对他们两人不同的评价。

在克林顿总统访法后三个月，1994 年的 9 月 9 日，中国国家主席江泽民以国宾身份正式访问法国。对两国来说，这次的访问是让纠葛已久的两国关系正常化的一大契机。

两国关系恶化始于 1989 年 6 月。法国一方面收留反政府的流亡学生，一方面严厉谴责中国政府的行为。当时正逢法国大革命两百周年纪念，7 月在巴黎举行了发达国家首脑会议。由于法国一向本着“人权外交”的信念，密特朗总统在会议中就毫不客气地批评中国，从此，两国持续相互较劲挑衅。1993 年，法国出售战斗机给台湾，中国为了报复，关闭了位于广州的法国领事馆，并放弃与法国企业界签订的建设合约。

然而，跌落谷底的两国关系最后还是有了转机，双方开始互动，1994 年 1 月，法国特使访问中国，并发表两国的共同声明，法国方面承诺“绝不会有第二次出售武器给台湾的事件”。事实上，这是法国着眼于强化与中国的经贸关系而作出的让步。中国政府接受法国方面的承诺后，外交部长钱其琛访问了法国。3月，总理巴拉杜访问中国，并邀请国家主席江泽民以国宾身份访法。这么一来一往的八个月间，双方发生的波折重新平复，终于进入元首级交流的阶段。

江泽民主席到达巴黎的日期是9月9日，当天晚上欢迎江泽民主席的晚宴在爱丽舍宫最大的房间“庆典厅”举行。宾客共两百三十人，其中中国方面的代表就有一百二十人。

当天的菜色如下：

餐 点

杰米尼（Germiny）奶蛋鸡汤

鹅肝酱，佐以索甸白酒冻

香辣烤乳羊

腰子沙拉

乳酪

胡桃冰甜点

酒与香槟

酒

伊甘酒庄（Chateau d’Yquem） 1981年

拉卢韦尔酒庄（Chateau La Louviere） 1978年

香槟

于那神父（Dom Ruinart） 1985年 （于那酒厂）

仔细留意的话，会发现这套菜单，比起之前介绍的两位美国总统的晚宴来，多了鸡汤这道菜。爱丽舍宫的飨宴一向都是以前菜、主菜及搭配好的沙拉、乳酪、甜点等的基本形式来招待宾客，前菜、主菜都是各一份，双倍的情形几乎没发生过。然而这次欢迎中国国家主席江泽民的晚宴，却大破前例显得异常。关于这一点，我访问了主厨，他说："中国人讲究吃，食量又大，所以总统希望增加一道汤。"我从来没听说过爱丽舍宫加菜的例子，这次江泽民主席的欢迎晚宴真是例外。自1965年就任职爱丽舍宫的主厨也说："记忆中，菜单从来没出现过像这一次的形式。"

再说餐点本身，鸡汤是加蛋黄和奶油的法式浓汤。前菜的材料则采用兰德地区出产的鹅肝，这个靠近西班牙、面向大西洋海岸的地区生产的鹅肝极负盛名。主菜是以四种辛香料入味的烤乳羊，与主菜搭配的沙拉很特别，加了切细、烧烤过的乳羊腰子。

与前面两位美国总统的菜单比较一下，看得出前两位基本上都是以海鲜前菜搭配肉类主菜来取得内容的平衡，而这次的菜色，包括多出来的一道鸡汤都偏重肉类，搭配显得过分沉重。再仔细分析的话，前菜的鹅肝与搭配主菜的腰子沙拉，都是以内脏为主的菜肴，将这个构想与中国菜中常有的内脏药膳联想在一起，就知道采用内脏作食材这一点绝非偶然。爱丽舍宫一定是想以中国饮食文化作为主轴，刻意传达出"法国是这么烹调内脏"的意识。

接下来看酒的搭配组合。在呈上汤的时候是配着矿泉水，而鹅肝酱上来的时候搭配伊甘酒庄白酒。伊甘酒庄是波尔多地方索甸村生产的白酒，黏糊糊的带点甜味，堪称酒中绝品。分级制度中，它属于索甸·巴萨克地区公定标准中的一级特级[6]。

伊甘酒庄搭配鹅肝酱是所有美食家公认的完美组合。在这样的组合中，选择酿造十几年、熟度不高略带酸味的伊甘酒庄是专业的做法，如果选用了甜味突出的陈年酒的话，鹅肝酱的口感就显得油腻。这次餐宴用的是1981年的半熟酒，开瓶的时候还残留着酸味，与鹅肝酱相当对味，真是无懈可击的选择。除此之外鹅肝酱旁添加的酒冻，是伊甘酒庄产地——索甸村生产的甜酒制成的果冻。

主菜搭配的酒，是波尔多的格拉夫地区拉卢韦尔酒庄红酒。这种酒被遗漏在格拉夫分级制度之外，由此推想，社会主义国家的元首在宴会主人心目中，恐怕也像酒一样落了一级。爱丽舍宫对于西方同盟国、准同盟国，或是社会主义国家，提供的餐宴酒都有很明显的差别。然而就算是分级制度之外的酒，在内容上仍然受到很高的评价。

生产这种酒的酒园，在1965年由现在园主安德烈·鲁尔顿先生买下。 根据营业经理，也是园主儿子的弗朗索瓦先生的说法：当初买下来的时候，葡萄园的土地已经过度使用显得贫瘠，经过土壤改良和多次改造，终于在1978年生产出了空前优质的美酒。1990年爱丽舍宫下了一份订单，打算买1978年的产品，并且一口气将庄园里所有存货都买光了，现在市面上已买不到这款酒，所以江泽民主席这场晚宴上提供的，应该就是当年收购的逸品。

弗朗索瓦·鲁尔顿先生表示，这个年份的酒有浓郁的芳香，他个人对酒里头含不含单宁酸不太在乎，反而较注重味道的平衡及酝酿时间的恰当。“这种酒如果和野味的餐点搭配，味道会显得太重，并不适合。但是和烤乳羊搭配的话则相当理想。”就是因为它适合这道主菜，所以被宴会采用。

综观这份菜单，会有一个感触，那就是法国对中国研究的真够深。这两个拥有深厚传统的文化大国，对世界或多或少都有影响，在历史上也都互相抱持着亲近感，战前，周恩来等多位中国革命家曾留法学习。因此，菜单上处处投射着这份历史的牵绊和深切的关注。

餐点是考量了中国人的食欲及嗜好设计的，酒则基于菜肴的味道慎重选配。从这份近乎神经质的谨慎，就可以知道法国是多么殷勤地款待江泽民主席。原因如同前述，这次的正式访问不但是两国互动的起点，同时对于江泽民主席亲自访法的举动，法国方面也想表达最高的赞誉。

依照外交惯例，中国方面如果要礼貌回应巴拉杜总理的访问，派同等地位的李鹏总理访法就可以了。但是法国方面刻意回避了他的访问。对一向看重人权的密特朗总统来说，“访法的中国国家主席江泽民”是最后的底线。

当时的中国正处于首长活跃外交的时期，希望摆脱1989年后孤立于国际社会的状态，至于国际惯例或是面子问题都不太拘泥了，法国对这种积极的态度非常赞赏。另一方面，法国比起德国等其他欧洲国家更想打入庞大的中国市场，要不是基于这一点，法中关系也不会这么快建立起来。从晚宴的菜单里，可以感受到法国方面不寻常的用心及各方顾虑，这绝不是没有原因的。

晚宴将近尾声的时候，密特朗总统站起来发表演说。他从17世纪路易十四致中国皇帝的书简开始，一直说到现在中法之间的交流往来如何如何发展，最后，还是触及人权的话题，他是这么说的：

> 从19世纪以来，法国大革命的精神就在世界中回荡，尊重个人、尊重文化的特殊性及尊重人权已成为世界普遍的价值观，法国没有资格向别的国家垂示教训，但是，我们很愿意和各个国家站在同等的立场来谈人权的话题。
>
> 以法国人的想法来说，我们不能不关心世界上发生的事（涉及人权），但我们也必须扪心自问，在现实上如何衡量经济发展、民主主义，以及自由等议题。

明眼人都看得出来，这是对封锁反对声音的中国政府委婉地呼吁：经济发展必须伴随着民主及对人权的尊重。只是加上“没有垂示教训的资格”、“以法国人的想法而言”等慎重的词句，将训示的语调压下来。而且事实上总统的演说中，有三分之二的部分都围绕在两国贸易关系的话题上，可见法国对中国的关心已确凿地转到经济话题。

接下来换江泽民主席站起来回礼：

> 两国之间的关系曾有一段时期停滞下来，幸好原因不在于本质上的利害相左，才能够再度回复交流的正轨，我为此感到高兴。……我国有自己的民主及人权观点，对此我绝没有坐视不管。……战前，中国就有多数的革命家渡法留学，战后，法国对中国的理解更是持续不断，中国人对法国的亲切感自古以来就是源源不绝的……

就这样，中国有中国自己的一套人权概念，把法国丢来的问题又抛了回去。对于中国、缅甸、印尼和东帝汶等问题，欧美国家一直以“政府轻视反对者的人权”的论调批评不断。然而亚洲的领导者却以“欧美社会立足个人主义，人权概念自然与讲求柔性共同体的亚洲社会不同”、“欧美国家将自己的人权概念强压在亚洲是一种殖民地主义的态度”来反驳西方的说法。从这次法国与中国首长的交谈中，可以一窥欧美与亚洲双方在人权外交上各执己见的一个死结。

无论如何，两国还是在稳住双方关系的共识下，将人权的话题就此打住。演说结束，两位领袖带领各位宾客举香槟干杯，没一会儿，“庆典厅”就包围在热烈的鼓掌声中。

注 释

① 科尔登 · 查理曼属于勃艮第葡萄酒的一种。酒的种类通常是以葡萄生产地区、村庄及农地的名字来表示，但以勃艮第的例子来说，有时同一片葡萄园分割成好几块，由不同的农民栽植及制酒，最后还是使用同一个名称。因此，为了辨别制造者，爱丽舍宫的菜单上不光是标明酒的种类，还会在括弧中注明生产者的名字。至于种类后的阿拉伯数字则表示生产的年份。

② 白马酒庄属波尔多酒的一种。通常波尔多酒都会冠上“酒庄”两个字，本来的意思是“城堡”。在这里，“酒庄”有封闭、自给自足的意思。换句话说，波尔多酒从葡萄的栽培、制酒到装瓶都是土地所有者自己一手包办，而标上“酒庄”两字，就可以对酒的品种与制造者一目了然，不用像前面提的勃艮第酒一样用括弧注明生产者的名字。

③ 香槟通常是在欢迎或答礼的演说时才注入酒杯。爱丽舍宫的国宾欢迎晚会，依惯例要在正餐结束、甜点之前举行演说，但偶尔也会有例外，提前在正餐之前演说。菜单上，香槟都是记在葡萄酒之后，括号内标明的也是生产者的名字。而品种名称后面注明 Magnum 是表示大瓶的意思，通常香槟瓶的容量为 0.75 升，但这种瓶子容量为两倍，1.5 升。容量大，酒的醇厚度也高一些。顺便一提，葡萄酒的 Magnum，也是一样两倍 1.5 升。

④ 勃艮第地方产的酒分成以下三种等级：特级（Grand Cru）、一级（Premier Cru）、村名酒。附近各区都采用这个分级标准，只有夏布利这个地区有点不同，分成：夏布利特级（Chablis Grand Cru）、夏布利一级（Chablis Premier Cru）、夏布利、小夏布利(Petit Chablis)。

⑤ 波尔多的产酒地大概可以分为梅多克、格拉夫、索甸、圣艾米隆、波美侯五个地区。波尔多和勃艮第不一样的是，此地没有统一的葡萄酒分级制度，起因于波美侯地区拒绝别人为自己的酒分级，其他四区只好各自订定酒类分级制度。其中，圣艾米隆的分级制度大体分为：“一级特级”与“特级”两种，在这两大等级底下再细分：“一级特级”里有十一个品牌，“特级”里则分出六十三个品牌。其中值得一提的是，“一级特级”里有两个品牌的酒品质出类拔萃，那就是白马酒庄和奥松酒庄（Chateau Ausone），于是大家把这两种酒分别出来，并附上特别的等级。

70 年代，波尔多地方曾出过脍炙人口的酒，分别是 1970 年份、1978 年份与 1979 年份，而 1971 年生产的酒则再次一级。负责餐宴选酒的师傅说：“在尝酒的时候，直觉告诉我这个酒真是好得没话说，和主菜阉鸡与猪血香肠绝对搭得起来，为了慎重起见，我请主厨试一下味道，他一下子就同意了我的想法。除此之外，科尔登 · 查理曼白酒的出处也大有来头。”说着说着师傅脸上充满了自信。

为什么给酒取了“白马”这么潇洒的名字呢？传说 16 世纪末因宗教战争胜利而一举成名的亨利四世有次骑着白马经过葡萄园，在此地的庄园借宿一晚，当晚宴会中他们痛饮的就是这款酒，它的名字也因此流传下来。再仔细想想，“白马”与美国总统官邸“白宫”的发音相似，也许这也成了选酒时考虑的因素之一。

这味上等红酒里辛辣味、果香味交杂错综，却又巧妙地取得均衡，和经辛香料调味过的阉鸡产生和谐的共鸣，我觉得甚至是它带出了阉鸡的独特美味。除此之外，副菜猪血香肠那股浓浓的血与脂肪的腥味，也被白马酒庄富含的单宁酸给削减了不少。这道酒将各种太强或不足的味道都中和了，分寸拿捏得刚刚好。

即使在非正式的餐宴场合，白马酒庄也是桌上少不了的餐酒。虽然在仪式铺张的迎宾晚宴中，它总是因为高知名度而被摆上台面，但在私人餐宴中，它还是以扎实的味道取胜。其实，白马酒庄的产地很容易受天候的影响，年产量时好时坏，变动极大。与其消耗在两三百人的餐会上，不如用在人数少、讲究品味的非正式宴会来得恰当。

⑥ 索甸 · 巴萨克地区以出产甜白酒（即所谓的腐酒）出名。1855 年，拿破仑三世为了在巴黎万国博览会上展现最高级的法国酒，特别下令葡萄栽培地要设置葡萄酒分级制度，基于这个典故，梅多克地区的红酒和索甸 · 巴萨克地区的白酒都开始按优劣分级。索甸 · 巴萨克地区的状况是这样的：索甸村的伊甘酒庄超出一般等级之外，列为“一级特级”，其次是一级，共有 9 个品牌；再其次是二级共有 11 个品牌。列入等级的品牌共有 20 个，占了当地总栽培面积的 43%。

第二章

爱丽舍宫的飨宴

爱丽舍宫位于巴黎市中心第八区的福布·圣—奥勒洛街（rue du Faubourg Saint-Honoré）55号。正如“福布”（faubourg，城郭之外）这个词所示，在1895年被编入巴黎市之前，这个区域在行政划分上属于巴黎城区之外。然而现在，高级店铺、老牌大饭店、画廊等并排罗列，这条大街一跃成为巴黎市内屈指可数的繁华街，日本大使馆、英国大使馆等都坐落于此。

爱丽舍宫的建筑虽然贵为国家指定的“历史遗产”，但作为总统官邸却不免有些格格不入。三层小而精巧的楼房，总计11000平方米，前庭与中庭合起来占地30000平方米，以一个世界级国家元首的住处来说绝对不算宽广。在周围七八层楼高的建筑物压迫下，爱丽舍宫更显渺小。头一回得知这里就是法国总统官邸，每个人都会有“啊，怎么这么小”的惊叹。但宫殿显示着18世纪初洛可可风特有的官能美感，完全感觉不到政治的权威及压迫，因此显得格外优雅。

每周三上午，爱丽舍宫里都会召开总统主持的内阁会议。1986年至1993年，在我任职巴黎特派员的七年中，凡是发生重大的议题时，就一定要跑一趟爱丽舍宫。记者团在内阁会议结束之前必须先在前庭集合，等会议结束阁员走出来的时候再拥上发问。通常在等待期间，手头没什么消息时，我都会和相熟的法国记者朋友交换信息。

贝雷戈瓦总理自杀身亡前，也是在这里最后一次现身。1993 年 3 月 24 日，密特朗总统主导的社会党内阁召开最后一次会议。就在三天前大选第一回合投票中，社会党一个席次都没得到，不用等到一周后第二回合的投票就知道社会党已经惨败。情势已经确定，选举后社会党内阁将解散，由保守党接手。

这次的会议中，密特朗总统赞许贝雷戈瓦总理“对法国有极大的贡献”。一年前，总统提拔时任职财政部长的贝雷戈瓦接替克勒松担任总理，这位经济专家一被起用，支持率低落的社会党马上起死回生。但是，失业率居高不下，加上贝雷戈瓦在选举前向密特朗总统的友人无息借款在巴黎买了一栋房子，爆出惊人丑闻，因此社会舆论纷纷将矛头指向社会党。

记忆中那是一个乌云密布的大冷天，全体阁员都走了，唯独不见贝雷戈瓦总理的踪影，也许他正在向密特朗总统作最后的陈述。空荡荡的爱丽舍宫前门，终于看到贝雷戈瓦总理单手抱着一叠文件现身。他的脸上带着阴郁的表情，对于等候多时的记者问话也显得心不在焉，急急忙忙地被秘书长催促着进入座车。四十天后，贝雷戈瓦举枪自尽。对于大选惨败的耻辱及责任归咎，个性太认真的贝雷戈瓦想必是很难承受的。

除了采访内阁会议之外，还有很多到爱丽舍宫的机会。凡是外国元首来访，双方必定召开共同出席的记者会，若单是实务访问，则由总统发言人简报会谈内容。对关注法国外交走向的人来说，这些场合都是不可缺席的。除此之外，每逢新年，总统会招待国内外记者参加恳谈会；每逢国庆节（7 月 14 日），爱丽舍宫会举行大型招待会，开放中庭给民众参观，算起来平均每个月要跑两三趟爱丽舍宫。

爱丽舍宫正面入口旁边有一个通行门，只要向卫兵传达来意，沉重的铁格子门就会打开，一进门要立即到旁边的警备室报到，接受金属探测器扫描及简单的随身行李检查，然后才可以用记者证换取通行证。如果是和爱丽舍宫的工作人员会面，必定由卫兵一路带领至会面对象的办公室为止，而像记者会等聚集数百名记者的场合，卫兵无法一一监视引导，在换取通行证之后，就任由记者们自行前往会场。

踩着前庭的砂石走向正馆，正馆的全景尽入眼底。看着这栋优美而高雅的建筑物，不禁令人想起蓬巴杜夫人、拿破仑王妃约瑟芬等史上出名的女性都曾居住在此，难怪整个建筑物给人柔和优雅的印象。

记者会的场地通常依照当时参加的记者人数来决定，往往在位于西馆的冬庭、拿破仑三世厅或庆典厅之中选一个最适当的地方。其中冬庭固定作为总统发言人发表简报的场所。这个房间，屋顶搭建了温室般的玻璃天窗，阳光从外面柔和地洒下来，即使在冬天也觉得很舒服，常常不知不觉就打起盹来。而庆典厅通常是在国宾访问法国时作为欢迎晚宴的会场，当记者人数众多的时候也会用来充当记者会场。

记者会基本上都不按预定的时间开始。在这段漫长的等待时间，我都是一边欣赏墙上装饰的国宝级银烛台和风景帷幔，一边感叹着“拿破仑就是在这个房间里策划征战欧洲诸国的战略”，任想象在房间里漫游，乐此不疲。恍惚间，似乎可以体会到法国近现代史上蓬勃的生息。

1718 年，爱丽舍宫花了两年才建造完成，这座贵族公馆落成之后成为人们注目的焦点。爱丽舍宫气派非凡，以当初建馆的贵族名字命名为戴佛尔宫。可惜在戴佛尔伯爵死后，继承遗产的儿子将戴佛尔宫拍卖，最后由路易十五世的爱妃蓬巴杜公爵夫人（1721—1764）买下。蓬巴杜夫人平时住在郊外的凡尔赛宫，和住巴黎的女儿会面时才偶尔进城住在这里。

艺术造诣颇高的蓬巴杜夫人为改变馆内装潢，砸下大笔金钱，然而从购入到去世的十一年间，她住在宫内的时间加起来不超过一年。她在巴黎市民的心目中，是个仗着自己在国王面前得宠就为所欲为的坏女人，不但干涉国政，同时擅自浪费国家财产。每逢她的马车驶进巴黎市区，必定遭到民众丢掷石块、恶言唾骂，所以蓬巴杜夫人很少待在巴黎，也是情有可原。

蓬巴杜夫人四十三岁就结束了短暂的生命，去世之前立下遗嘱，将爱丽舍宫送给路易十五，这时爱丽舍宫才第一次成为国家财产。戴高乐总统在回忆录中曾记载着，路易十五拿到蓬巴杜夫人的寄赠状，以为爱丽舍宫从此将永远成为国家所有，然而事与愿违，在那之后，爱丽舍宫曾一度被国王卖给民间，法国大革命期间由政府收回，时代轮替后又一次遭遇拍卖的命运，所有权四度归于国家又被转让出去，第五次，终于还是回到国家手中。从爱丽舍宫瞬息万变的转卖过程，就可以看到法国近现代史的流变。

法国大革命之后，从贵族手中接收过来的爱丽舍宫一度成为国营印刷厂，同时也在里头举行拍卖会，拍卖从贵族手中没收的家具宝物。革命的亢奋稍稍缓和之后，有一段时期作为舞厅。但是自从拿破仑掌权之后，爱丽舍宫转手给拿破仑的妹妹和妹夫——卡罗丽娜夫妇——当作私宅。卡罗丽娜的夫婿缪拉功勋累累，是拿破仑的爱将。他们夫妇俩日以继夜地在爱丽舍宫内招待新兴企业家及外交团体，举办各种舞会，来宾中也包括后来成为首相的奥地利大使梅特涅。

后来缪拉即位成为拿波里国王远渡意大利之后，爱丽舍宫成为拿破仑的私宅。虽然已拥有杜伊勒里宫作为公馆，在巴黎近郊还拥有圣克鲁宫作为办公场所，但疲于公务之余，他总是隐身于爱丽舍宫里。“对我来说这里是恢复健康的场所。”拿破仑这么形容。本来皇后约瑟芬也一起住在这儿，但不久拿破仑因为约瑟芬皇后无法生儿育女而执意离婚，转而迎娶哈布斯堡家族的玛丽·露易莎为皇后。起初，拿破仑有意将爱丽舍宫让给前妻约瑟芬住，但考虑到将前妻留在巴黎实在不妥，于是收回爱丽舍宫，将位于比利时的勒根宫赠予约瑟芬。

流放圣赫勒拿岛之前，拿破仑就是在爱丽舍宫签字退位的。1815 年 3 月，拿破仑从流亡的厄尔巴岛逃离，回到巴黎复辟，经过俗称的“百日王朝”后，于 6 月 18 日滑铁卢战役惨败，被英国的威灵顿将军指挥的联合军逼退；6 月 22 日，在爱丽舍宫的银厅拱手交出皇位。当时拿破仑签字时所坐的、扶手上刻有天鹅雕饰的椅子，现在还完整地放在银厅里。

拿破仑被流放到大西洋的圣赫勒拿孤岛后，爱丽舍宫被占领巴黎的联合军接收，并且成为俄皇亚历山大一世、威灵顿将军等联合军司令官的宿舍。

爱丽舍宫第一次成为总统官邸是在 1848 年二月革命之后成立的第二共和时期（顺带一提，法国的第一共和时期是从 1792 年法国大革命之后，到拿破仑开始帝政的 1804 年为止）。亡命英国的拿破仑外甥——路易·拿破仑听到第二共和成立的消息立刻归国，并在总统大选中获胜当选。接着由议会表决：爱丽舍宫将成为法国政治史上第一位共和总统的官邸。

然而，爱丽舍宫作为总统官邸的时间，和第二共和的寿命一样短。路易·拿破仑在就任总统三年后的 1851 年 12 月发动政变，废除共和，开创第二帝国。巧的是，和军队勾结发动政变的路易·拿破仑总统在等待政变结果时，就是待在伯父拿破仑当年退位的银厅里。

对伯父崇拜有加的路易·拿破仑，登上皇帝宝座自封为拿破仑三世（1852—1870）。承袭伯父的惯例以杜伊勒里宫作为公馆，把爱丽舍宫据为私宅，并在此后的十四年中，下令进行大规模的内部改装工程，今日呈现在我们眼前的爱丽舍宫的内部装潢，就是这个时期的成果。外观看起来有几分优美的女性气质，保存了初建时的洛可可风格，而内部却充满第二帝国时期的金饰花样（安格尔风格），爱丽舍宫这种特殊的外柔内刚正反映了历史流变。

这个时期，正值法国产业革命完成阶段，国内正积极进行各项设备投资及技术革新。巴黎市根据奥斯曼男爵的都市计划全面推行改造，打通市内各大道，陆续完成火车站大厅、中央市场、公园绿地等建设，为近代巴黎的风貌打下基础。不仅在产业上，其他如文化、艺术方面，法国也从欧洲各国中脱颖而出，成为一颗闪亮明星。1855 年和 1867 年举办的第一、二届巴黎万国博览会，就是为了显示当时法国的荣耀与风采。

1867 年的万国博览会，正逢爱丽舍宫改建完成，于是这里成为招待各国宾客的迎宾馆。可惜好景不长，拿破仑三世长达二十年的统治，在 1870 年的普法战争中画下句点。当年，拿破仑三世在巡视色当战场的时候被普军掳获，随即造成第二帝国的瓦解。

一波三折后，爱丽舍宫最后一次成为总统官邸是从第三共和时期（1870—1940）开始。虽然在第三共和成立初期的 1871 年，曾发生巴黎市民反抗新政府的事件，于巴黎设立的巴黎公社迫使政府暂时迁往郊外的凡尔赛宫，但在镇压巴黎公社恢复平静后，当时的麦克马洪总统（任职期为 1873—1879）于 1874 年重新迁入爱丽舍宫。在巴黎公社占据的混乱期，市区里不少无价的建筑物都被破坏烧毁，爱丽舍宫能毫发无伤地保留下来，算是不幸中的大幸。

五年后，也就是 1879 年，国民会议（下议院）通过爱丽舍宫作为总统官邸的法案，一直遵循至今。爱丽舍宫的地位终于确定。从此之后，除了第二次世界大战德国占领时期及战后短暂的过渡期外，爱丽舍宫的地位始终没有动摇，经过第四共和（1947—1958）、第五共和（1958 年至今），一直是总统的官邸。

爱丽舍宫作为总统官邸之后的历史，可以由各种飨宴和菜肴来展示。观看从前的菜单，总会给人“怎么可能全部吃得完”的印象，餐点丰盛而庞杂，酒更是多得可以用来洗澡。同时，在那个时代，餐宴的豪华与否也跟使用的器皿多寡有关。

今日的爱丽舍宫餐宴，菜单都依照：前菜、主菜、搭配好的生菜沙拉（有时也会用温菜）、乳酪、甜点等，总共不过五种；饮料包括两种葡萄酒及香槟。和现在的内容比起来，19 世纪后半叶，爱丽舍宫的排场在刚成为总统官邸时显得格外庞大。

举例来看，1882 年 6 月，当时的儒勒·格雷维总统（任职期为 1879—1887）所主办的晚会餐点——

龙虾浓汤
夏特勒式清炖汤
荷兰酱汁鲑鱼
葡萄牙式腓力牛肉，佐以松露酱淋汁
阿涅斯·索雷尔式炒牛胸腺肉
芦笋炒小羊背肉
波希米亚式鹌鹑拼盘
巴格拉席翁式螯虾
果子露
松露填肥鸡
斯特拉斯堡的鹅肝，附酱汁冻
掼奶油酱拌芦笋
英式水煮豌豆
草莓香草冰淇淋
橘香威尼斯蛋糕

餐点与甜点加起来共十五样。菜肴是由著名的高级餐厅“鲍迪埃 & 夏柏”(Potel & Chabot) 烹调，而甜点则是格雷维总统的千金，威尔逊夫人亲手制作。

1896 年 10 月，爱丽舍宫举办一场盛大的晚宴，欢迎以国宾身份访法的俄罗斯沙皇尼古拉二世。当时的晚宴主人是菲利 · 福尔总统（任职期为 1895 — 1899)。

这次俄国沙皇的访问，主要是为了对抗在欧洲日渐跋扈嚣张的德国，法俄双方领袖要再一次确认彼此站在同一阵线上，充满了政治意味。其实在四年前，也就是 1892 年，两国早就假想德国为敌，共同缔结了一项军事协约，约定两国若任何一方受到攻击，另一方要出兵攻击敌军。

法国曾经放逐国王而成立共和政体，现在却和专制独裁的俄罗斯亲近，令不少欧洲列强感到惊讶，然而，法国仍然以最盛大的欢迎式迎接俄皇。整个巴黎市被欢迎俄皇的热情渲染，“拿来装饰用的十字架比拉雪兹墓地的十字架还要多上好几倍”，可想见当时的盛况。

那一夜，招待了一百二十人的爱丽舍宫飨宴准备了以下的菜色，同样是由“鲍迪埃 & 夏柏”餐厅提供。

～餐　点～

清炖燕窝汤

鸡肉浓汤

克鲁兹省鲤鱼冷盘，淋法式酱汁

松子风味的鹿背肉

鸡肉串烧添加佩里戈尔（Perigord）产的松露

土伦螯虾泥

兰德产白颊鹅肉派饼

尼斯的橘子果露

普罗旺斯的柠檬果露

炖雏鸡与鹌鹑肉[1]

香槟区松露

巴黎式鹅肝酱

法兰西昂（Francillon）沙拉[2]

乡村口味盐渍茄子

克里奥尔（creole）煮朝鲜蓟

蒙特摩伦斯（montmorency）式杏李

赫塞尔干果冰淇淋

甜点

～酒与香槟～

酒

西班牙雪莉酒　拉虹酒庄（Chateau Lagrange），以餐桌用玻璃瓶盛装

索甸酒，以餐桌用玻璃瓶盛装

粉红香槟，以餐桌用玻璃瓶盛装

伊甘酒庄　1876 年

拉菲—罗斯柴尔德酒庄　1875 年

伏旧园（Clos de Vougeot）　1874 年

香槟

勒德雷尔酒厂（Roederer）

十八道菜与甜点加上八种饮料，将餐桌整个装点起来。俄罗斯沙皇的访法之行大功告成，从此，两国无论在政治或经济上的关系都更

趋于紧密。特别是在经济上的来往，法国的资本家竞相购买俄国股票，热潮一直持续到1917年的俄国革命为止。1914年，第一次世界大战来临前，法国对俄罗斯的投资额是对殖民地投资额的两倍以上，在列强之中是对俄投资最大国。

然而事实上，一味地要求餐宴豪华绚烂的时代已经结束。随着生活方式的改变，缓慢优雅地在餐桌旁就位，花个几小时享受美食的习惯正急速地消失。即便如此，爱丽舍宫的飨宴形式在第一次世界大战之后才根本改变。菜肴的数量大幅减少，酒和香槟等饮料也像被榨干似的缩减不少。经过第一次世界大战的四年煎熬，欧洲的贵族社会纷纷瓦解，风俗习惯的平民化已经成为趋势。

直到今天，爱丽舍宫里还流传着“最后的豪华晚餐”的佳话。那是在第二次世界大战爆发的前夜，因为英国国王到访而创下的纪录。

1938年7月，随着德国一味扩充军备并并吞了奥地利，整个欧洲乌云满布，英国国王乔治六世却在此时以国宾的身份访问法国。当时在位的阿尔贝·勒布伦总统，为了实现两国互相提携的愿望，一而再再而三地邀请英国国王来访。法国实现这个热切的愿望后陶醉在怎样的狂喜之中，可由欢迎宴会的排场看得出来。7月21日，昼夜两场连续的豪华餐宴即将开始，午餐安排在凡尔赛宫，晚餐则在爱丽舍宫登场。

在凡尔赛宫举办的盛大午餐迎宾会，总共招待两百五十人，包括英国代表团、法国政府官员，及两国的经济、文化代表。

翌日的《费加罗报》描述当时的盛况时说道：“餐具器皿是为了这个特别的日子订制的利穆赞得瓷器，刀、叉各三千把，镶银饰器约三百样，每位宾客面前十三种巴克兰制玻璃杯依序排列开来。”“九十二位侍者，清一色红蓝彩制服，衬衫前襟缀着华丽的装饰，头顶桂冠，脚穿缝有金纽扣的传统薄底鞋（espcarpin）。”以桂冠装饰，是在模仿帝王时期的雅趣，而穿着无后跟的轻便薄底鞋，则完全承袭帝王时期的作风，让侍者穿上这种鞋子，走路时就不会发出声音干扰。在凡尔赛宫里，无论衣着或礼仪，都刻意布置出波旁王朝时的气氛，对于已经是共和体制的法国来说，如此恭敬地讲究仪礼，无非是想对英国王室表达最崇高的敬意。

在爱丽舍宫这一头，为了当天的超级晚宴，菜肴的准备全权交给卢卡斯·卡尔顿餐厅（Lucas-Carton）。这家餐厅离爱丽舍宫不远，位于玛德琳广场，到现在仍然屹立不倒。当时店东兼主厨的弗朗西斯·卡尔顿先生，是法国厨师协会会长。法国能不能顺利延揽英国成为盟邦，这个重责大任就落在他肩上了，同时，因为负责决定法国命运的午宴菜单，他也享受无上光荣。

然而，当时在菜单上记载的主厨名字却不是卡尔顿先生，而是爱丽舍宫的主厨毕顿先生。这是因为有一个惯例：即便是外包的餐点，也必须挂上爱丽舍宫主厨的名字。不过，众人皆知餐宴确实是卢卡斯·卡尔顿餐厅准备的，因此餐厅的名声也传遍各地。被称作"古典餐点的艺术学院"，并且为各餐厅打分评级而颇具权威的餐饮业大王"米其林"饮食指南中，卢卡斯·卡尔顿餐厅一直保持三颗星的最高荣誉，想必就是从这次的超级盛宴开始的吧。顺带一提，战后六七十年代兴起的新法国菜创始人保罗·博屈兹（Paul Bocuse）、特鲁瓦格罗（Troisgros）兄弟及夏尔·巴里耶（Charles Barrier）等有名的大厨师，年轻时都曾经是"卢卡斯·卡尔顿"的学徒。

那么，我们就来看看当天餐点与酒的组合：

初膳

变种长鲛鱼子酱，佐以冰镇香瓜③

（搭配西班牙雪莉酒　阿芒提拉多·格兰·雷杰尔［Amontillado Grand Reserve］）

二膳

阿尼斯湖虹鳟，南乔亚（Nantua）式烹调

（搭配骑士蒙哈榭酒［Chevalier Montrachet］ 1926 年）

三膳

特里亚侬式烹小羊，粗磨胡椒风味

（搭配奥比昂酒庄［Chateau La Mission Haut-Brion］ 1920 年）

四膳

塔雷朗式（Talleyrand）鹌鹑肉派饼

（搭配伯恩慈善医院红酒 夏洛特·杜梅级［Cuvee Charlotte Dumay］ 1915 年）

五膳

蒙特摩伦斯式卢昂鸭，附高卢沙拉④

（搭配科尔登·格兰舍［Le Corton Grancy］ 1919 年，或木桐—罗斯柴尔德酒庄 1918 年）

六膳

奶油串烤肥鸡，佐以蒸芦笋

（搭配伊甘酒庄 1921 年）

七膳

佩里戈尔式烹松露

（搭配拉图酒庄 1904 年）

甜点

新加坡风味冷调慕斯，附蒙特伊（Montreuil）梨

（搭配玛姆香槟大瓶装[Mumm]　1911年

　路易王妃香槟[Louis Roederer]　1904年

　凯歌香槟[Veuve-Clicquot]　1900年

　波美利香槟[Pommery]　1895年）

虽然不像20世纪初以前一摆就是十多样菜的大排场，但是连甜点一起算进来也有八道菜，况且，每道菜还精心搭配口味相合的香槟和酒。而更细心的是，与甜点搭配的四种香槟里，有一瓶年份为1895年，恰好与英国王乔治六世诞生同年。

继凡尔赛宫的午餐会之后，还有一场欢迎晚宴，分别在爱丽舍宫及外交部举行。爱丽舍宫里办的是乔治六世的欢迎宴，由勒布伦总统主持，而外交部则是首相主办的英国政府代表团招待会。当晚，爱丽舍宫的庆典厅席开八十，菜单如下：

餐　点

柯奈尔清炖汤⑤

国王陛下浓汤

穆里尼虾

烩雏火鸡肉⑥

法式烹调波尔多产绿豌豆

罗西尼式烹白颊鸟肉⑦

旺多姆式沙拉

歌培拉式冰淇淋

综合水果盘

甜点

~酒~

伊甘酒庄　1923年

奥比昂酒庄　1921年

香贝丹（Chambertin）　1921年

波尔多酒　威名（Commandeur）

菜肴十样，酒三种，全都是最高级的。在《名流》（*Illustration*）周刊中，还有一段关于这次飨宴的描述："为了欢迎演说而起立的勒布伦总统，意识到自己这场演讲的重要性，拿着演说草稿的手不禁微微地颤抖着。"这样谨慎行事的结果是，法国终于在第二次世界大战爆发前夕，获得英国全面支援的誓约。

翌年，1939年5月，勒布伦总统获选连任，却无法完成七年的任期，因为同年9月，德国侵略波兰，引发法国和英国对德宣战，第二次世界大战就此展开。次年5月德军侵略法国，并在6月14日占领巴黎，法国自1870年以来的第三共和瓦解。

第二次世界大战之后，爱丽舍宫的餐桌有如脱胎换骨。

举个例子，第四共和的第二代总统勒内·科蒂（任职期为1954—1958）就职后第一次的餐宴，即3月16日招待外交团体的晚宴有以下的菜色：

~餐　点~

蔬菜浓汤

波美利式烹鲈鱼[8]

亚尔烹夏罗列（charolais）牛肉

爱丽舍式煮肥鸡

欧罗拉（Aurora）沙拉

乳酪

大使阁下冰淇淋（parfait）

雷斯地区饼干

～酒与香槟～

酒

托米纳特级甘醇（Traminer Crande Reverve） 1949年

拉菲—罗斯柴尔德酒庄 1949年

罗曼尼·康帝（La Romanee-Conti） 1943年

香槟

香槟王（Dom Perignon） 1943年

菜肴总共八道，已经很接近现在的五样菜的形式，酒和香槟加起来也只比现在多出一种而已。我们可以很清楚地发现，早期那种以菜色多寡表现餐宴豪华程度的时代已经过去了。这当中多了一种新花样，那就是增加了乳酪。因此我们可以知道，爱丽舍宫在餐宴菜单上列入乳酪，是从第二次世界大战之后才开始的。

最后，本章结束前，我们不妨来看看第五共和国中，从戴高乐到希拉克之间五位总统的饮食哲学。

在法国历任总统之中，戴高乐（任职期为1959—1969）是少数对吃兴趣不大的一个。听说餐宴的菜单总是由夫人伊芙娜女士打点，总统从来不过问。在当时那个时代，爱丽舍宫的厨房还很狭窄，应付不来人多场面时，总是要向高级餐厅下订单。而爱丽舍宫本身能供应的是最多不过十人左右的小型餐宴，遇到这样的场合，伊芙娜夫人就会拿出一本由十九、二十世纪著名厨艺师埃斯科菲耶（Escoffier）所著的美食指南，一边参考，一边向主厨说明想要的餐点，而主厨也将书上的食谱一一记下来。当时就是一个这么悠闲恬静的时代。

另外，戴高乐总统用餐速战速决也是众所周知的。现在爱丽舍宫里标准用餐时间55分钟，就是戴高乐总统时期定下的规矩。关于这点，宫中一直流传着这么一句话："要戴高乐在餐桌旁长坐，对他来讲是一项痛苦的折磨，再怎么久也不能超过一小时。"在餐宴上，他总是第一个解决端上来的菜，然后开始无聊地四处张望。这样一来，受招待的宾客们好像也没理由继续大快朵颐，全场弥漫着刀叉不得不放下的紧张气氛。而站在总统身后、负责餐宴流程的仪典长总要捏把冷汗。

接下来是蓬皮杜总统（任职期为1969—1974），与戴高乐总统不同的是，他是位美食家。蓬皮杜出生于法国中央山区的康塔尔省，对当地特有的、口味重的传统餐点爱不释手，常常邀请一些好朋友，或是熟识的新闻记者，热热闹闹地吃上一顿。现任《费加罗报》的评论委员约翰·雪费就是经常受邀的一人。雪费回忆说："总统最偏爱的是一道炖内脏的家乡菜，在招待宾客的时候总是少不了这一样，偏偏口德差的新闻记者总在背地里抱怨：'哎，又是内脏啊！'虽然爱丽舍宫做出来的餐点无可挑剔，还是有记者放弃这道菜，碰都不碰。总统通常都是给他们一个白眼，继续大吃大喝。"

由总统亲自决定餐宴菜色的习惯也是由蓬皮杜总统开始的。

不幸的是，蓬皮杜总统在任期中因癌症去世，继任的德斯坦总统（任职期为1974—1981）本身是个超级精英，加上夫人又出身于有名的贵族世家，所以对时尚流行特别敏锐，喜欢大场面，在餐桌上可以看到他们刻意安排的各种演出。

“总统和一般大众容易疏离，所以一边与大众共享餐事一边话家常，是我最想做的一件事。”这是总统在当选后不久的一段叙述，并表示准备接受一般家庭的晚餐招待。消息一传出，来自全国各地的邀请超过了一千五百家，就这样，德斯坦总统在任期中，每三四个月都会和夫人安娜·埃莫娜一起到一般的家庭里接受招待，形成一种惯例。

其中最初的一次是在1975年1月22日，于南法的库奇阿里尼家。他们的朋友共三对夫妇，围着总统夫妇一同进餐，根据当时的报纸记载，那晚的菜色如下：

水芹菜（cresson）汤、鲈鱼、烤牛背肉、沙拉、乳酪、甜点蛋糕。

“总统在进食的时候，总是很健谈，笑口常开的，一点也不会让我们感到紧张。”受邀的家庭在报道中这么说。

德斯坦总统有时会出其不意，一大早邀请路上清洁工进爱丽舍宫来吃个早餐，一杯欧蕾咖啡、一个可颂面包，这样和乐的早餐镜头，往往登上隔日报纸首页。

类似这种表演似的餐会中最精彩的一次，要算是1975年的一场纪念晚餐会。当时，新法国菜运动的旗手保罗·博屈兹荣获法国荣誉军团勋章，那一晚爱丽舍宫的厨房特别为他开放，让他大显身手做一道菜，当时的作品现场借用了总统的名字，叫做“瓦雷利·德斯坦松露汤”，到今日我们都还可以尝到。

连任两期共十四年的密特朗总统（任职期为1981—1995）也是个美食家。他常常将报纸或周刊上刊载的餐厅介绍剪下来放进口袋，星期三早上内阁会议一结束就呼朋引伴：“我知道一个有意思的地方，午餐一起吃吧。”法新社（AFP）专门报道总统动态的资深记者，同时也是密特朗总统的旧识，皮尔·法维先生常是总统邀约的对象，为了不拒绝总统，他总要尽量挪出空当来。“他不偏爱豪华的场所，反而最喜欢塞纳河左岸学生街道上的小馆，或飘着旧城风情的小店。密特朗喜欢和一般客人并肩坐着，当别人发现他的身份而惊讶不已时，他将之视为一种生活调剂。虽然食量不大，却对味道敏锐，同时又勇于尝试，即使没吃过的外国菜也敢挑战，对餐点是个没有成见的人。”

密特朗对日本料理情有独钟，尤其是寿司和生鱼片，更是百吃不厌。任期中，他常常出其不意地走进位于巴黎市内的日本料理店，让店长和服务生大吃一惊。最常光顾的一家店位于香榭大道的起头，靠近凯旋门。

密特朗总统出现在这家店的时候，总是伴随着几位朋友，同时也少不了当时还在读高中的女儿。这个年龄上可以当作孙女的小女儿，是总统与从前认识的一名女子生的小孩，总统也承认彼此的亲子关系，只是因为没有住在一起，知道这件事的人很少。他的女儿很喜欢吃日本料理，密特朗在繁忙的事务中抽空来日本料理店用午餐，应该也是为了和女儿聚一聚吧。通常，密特朗总统会大致上过目一下老板娘拿出来的菜单，但几乎还是点生鱼片，特别是鲔鱼、鲑鱼、鲷鱼，每种都会点两三个，店主心思细巧，有时会搭配土瓶蒸、炒青菜等小菜一起送上来。吃饱饭，总统自掏腰包付了账，就搭专车回爱丽舍宫去了，女儿则骑着放在店外的自行车回家。

法维先生曾经目睹密特朗总统被日本料理困扰的有趣场面。1989年2月，密特朗总统为了出席昭和天皇的丧礼而访问日本，归途中，专机一离地总统就邀请法维先生和同行的记者们到前面的总统专用舱用餐，三名记者用的是高级法国菜，而总统面前则摆着一个神秘的木箱。“咦？总统吃不一样的啊？”我问。“这是我特别交代大使馆人员让日本料理店做的特餐喔。”总统得意地说。但是盖子一打开，里头装的不是总统期待的生鱼片或寿司，而是炖品及烧烤。总统有点生气地说：“我要的不是这个！”连碰都不碰。虽然大家劝他改用法国餐，他却说没胃口，午餐就干脆不吃了。根据法维先生的说法来推测，当时带上专机的，应该是幕之内料理。

1995年5月当选总统的希拉克喜爱日本料理的程度，与密特朗总统不分高下。和前者不同的是，希拉克总统对生鱼片和寿司敬谢不敏。但除此之外，天妇罗、寿喜烧、涮涮锅等都是他最喜欢的。而且他还是个大食客。

和希拉克总统熟识的一位女性，同时也是巴黎市驻日本办事处代表的瓦雷丽·提拉诺瓦小姐曾描述总统的食量：“像那样的食欲真是会吓死人，到东京来的时候，在某个中国餐厅用餐，三个人竟然点六人份，友人劝他‘这未免太多了吧’，他也不管，‘尽管送上来就是了。’结果，如他自己所说的，把菜全都摆平了。我想，他这个人的旺盛精力从食欲就可以看得出来。”

总统用餐时，一刻都静不下来也是有名的。1990年希拉克总统还在巴黎市长任内，招待刚访问过中国的柬埔寨国王西哈努克，当时提拉诺瓦小姐也在场，希拉克在用餐时一直说个不停，连健谈的西哈努克国王都没有插嘴的余地，真不简单。

注 释

① 南瓜掏空作成模型，里面放入酱料调味好的雉鸡、鹌鹑肉及蔬菜，然后经由烹煮而成的一道菜。

② 贝类、南瓜和松露切成细丝，淋上调味料的一道沙拉。

③ 挖空的香瓜做容器，里头盛放浸过波尔多酒、切成小方块的冰镇香瓜。
④ 切成细丝的松露、芹菜、南瓜、香菇拌上美乃滋而成的沙拉。
⑤ 鸡肉、鱼肉磨碎，拌上蛋和面粉捏成丸子炖汤。
⑥ 剥皮的洋葱、姜和七面鸟肉一起放入锅里炖煮而成。
⑦ 蒸过的白颊鸟肉下锅热炒，或者加上酱料炖煮而成。
⑧ 蒸煮过的鲈鱼，淋上白酒酱汁而成的餐点。

第三章

仪典长的忧郁

希拉克总统的办公室位于爱丽舍宫二楼中央的南侧，正好为全馆中央，两侧向东西伸展呈翼状。办公室面对中庭，从正面望出去，可以一眼望尽向后延伸的庭院。这间办公室叫做“黄金厅”，从蓬巴杜公爵夫人到拿破仑三世，都被当作主卧房。第二次世界大战期间，临时充当特别的国宾套房，英国女王伊丽莎白二世就曾下榻于此。自第五共和国戴高乐总统将它改为自己的办公室以来，历任总统中，除了德斯坦之外，都把这间“黄金厅”当作总统办公室。

希拉克总统1995年5月就职以来，向国内的美术馆借调艺术品来装饰办公室，令办公室焕然一新，充满18世纪的古典风情；同时这也是他所尊敬的戴高乐总统所喜好的品位。从总统办公室往东走几步，就来到与黄金厅相隔一间的“角厅”，这是统筹爱丽舍宫大小事务的总务处长多米尼克·杜·维尔庞先生的办公室。这里曾是拿破仑的妃子约瑟芬的寝室，在近代也曾被当作德斯坦总统的办公室。大体说来，东翼主要是希拉克总统夫妇的居住区，同时，夫人贝尔纳黛特的办公室也在这里。协助总统政务的顾问和幕僚长的办公室则集中在西翼。

爱丽舍宫的事务运作分成两方面，政务与例行仪式轮替进行。政务方面由办事处负责，设处长一名。例行仪式则由仪典课全权掌握，仪典长为主要负责人。

属于政务范畴的办事处由总统顾问、幕僚等组成，人数依时局需要增减，大约配置几十人左右。法国的国防与外交属于总统管辖，而内政则聘请经济、教育、民生等各方面的专家作为幕僚，虽然内政的执行是由内阁总理直接掌管，但总统仍需决定内政的基本方向，所以听取幕僚的意见再对总理做出指示是必要的过程。因此，爱丽舍宫与内阁分工合作，内阁推动政策的落实，并负责执行，爱丽舍宫高于一切，策划国家谋略，顾问、幕僚团队就相当于国家的头脑。密特朗总统执政时期，幕僚人员曾超过五十人，而希拉克总统为了精简预算，将人数减少到二十二人。

另一方面，在例行事务上，爱丽舍宫每年要举办大大小小的各种仪式。从最重大的例行仪式算起，一年中有三次节庆仪式，分别是第二次世界大战战胜纪念日（5 月 8 日）、革命纪念日（7 月 14 日）、第一次世界大战停战纪念日（11 月 11 日），这三个日子都是举国欢腾的节庆，爱丽舍宫按惯例都会召开盛大的招待会。特别在革命纪念日这一天，宴会分昼夜两场，招待来自全国各地的约一万名宾客，只有在这种时刻，爱丽舍宫宽广的中庭才会有人山人海的场面。

我作为外国的记者，每年都会受到邀请，印象中最让我头痛的，是每次都要费尽千辛万苦才能穿越万头攒动的人群，挤到设在中庭一角的自助餐区。餐点都由高级餐厅、外卖店提供，名酒一瓶瓶地倒空，一道菜才刚上桌，立刻就有几只手伸来，转眼间杯盘狼藉。自助餐区前方的人潮摆开阵势卡位，自以为拥有了最佳位置，后面的人若轻举妄动想打空隙的主意，马上会挨一肘。平常惺惺作态的绅士淑女，在那里全都露出了真面目。

香槟 1500 瓶、威士忌 150 瓶，各类果汁各 750 升、波尔多、勃艮第等地生产的葡萄酒50大瓶，都在短短几个小时之内一扫而空。

有一种说法：法国大革命解放的其实是人民的胃。革命期间，人民的食欲真是旺盛得不得了。暴民愤怒地拖着砍了头的尸体在石板路上游街，人们瞪了一眼还是照样大吃大喝。贵族专属的大厨师一个接一个失业，为了养家糊口都到市区里开餐厅营业，原本视为贵族私有财产的美食，在这个时期渐渐成为市民大众的普遍享受。当时，政府禁止游乐狂欢，进行严厉闭塞的戒严。于是市民将这股闷气发泄在食物上。许多文献、研究报告都将“革命与贪婪的食欲”这个奇妙的组合当作一大课题。爱丽舍宫在革命纪念日举办的大型招待会中，绅士淑女忘形地抢夺美食，免不了让人联想到“革命与贪婪的食欲”之间的关系。

除了三大节庆之外，颁发法国荣誉军团勋章的仪式、新任外国大使到任的颁发国书仪式等，也是例行仪式中的重点。

外国领袖的访问餐宴也属于这个部门管辖的范围。餐宴内容随到访形式的不同而分为国宾待遇、公宾待遇、私人非正式会见[①]等等。这样杂七杂八算下来，一周内总有个什么宴会要举行。

与施行国家政策的行政运作相比，爱丽舍宫的例行仪式似乎只有陪衬的意味，然而其中包含的政治意图绝对不轻。戴高乐总统在他的回忆录中说道：“总统官邸成为没完没了的仪式会场，为了顾全国家的威信，我对于任何事都抱持着丰盛中讲求节度、优美而不失庄严的双重态度。”这些话正说出了爱丽舍宫执行例行事务和仪式时所持的精神。虽然在表面上只不过是普通的例行仪式，却必须有个共识，那就是法国的伟大荣光及形象，大多都是在这些场合才有机会向内外人士展现。

国民国家（nation-state）的概念自18世纪到19世纪在欧洲诞生以来，国家从代表国民执行各项政策的中央权力，到现代成为一个政治系统中的机能结构，代表国家国民名誉威信的，一直都是这个中央权力。

负责执行爱丽舍宫的例行事务及仪式的是仪典长，其职务包含的范围极广，一方面要调配例行仪式幕后的各项准备工作，一方面也要担当台面上的司仪，推动仪式进行。在各种典礼、飨宴等正式的场合上，仪典长还要随侍总统左右控制场面，观望仪式总体进展状况，发现任何缺失时必须当机立断，一面向负责人指示如何修正补救，另一方面还要若无其事地提示总统在适当时机做出正确动作。

爱丽舍宫的仪典长，同时也兼任外交部的仪典长。这种情形在外国不太常见。以日本为例，外务省的仪典长兼任皇宫内厅的仪典长就显得有点奇怪。这样的组合，主要是因为当爱丽舍宫举行任何跟外国有关的例行仪式，例如国宾欢迎晚会等，外交部的意见可以通过仪典长来反映，所以从戴高乐总统时代起，就开始了这种双重组合。仪典长的职务结束之后，往往是直接转任西班牙等拥有王室的欧洲“一等国”的法国大使，由此可知，仪典长这个职位绝不是一个在总统身边待命的闲职，更不只是一个名誉高尚的头衔而已。

一位曾担任爱丽舍宫仪典长的外交部官员说：“餐宴上只要出了任何差错，即使是侍者或厨师的错，总统责骂的都是仪典长，因为他没有确实地监督属下才造成疏失，所以只要有任何状况发生，仪典长永远都是那个挨骂的人。”爱丽舍宫的威信都在各种例行仪式中显示，让仪式顺利进行是理所当然的事，一旦有了缺失，所有的责罚都由仪典长一人承担，这个职位让人神经紧绷，一刻都不能放松。

1989 年 3 月，爱丽舍宫的仪典长安德烈·贾德为了准备密特朗总统访美事宜，先行访问了美国的缅因州。密特朗总统访美的行程是：先与两个月前才上任的布什总统进行初次会谈，然后于 5 月前往布什总统位于故乡缅因州肯纳邦克波特的私宅访问，并在此住宿一晚。因为这样，仪典长在白宫官员的带领下，先行视察了会谈室及密特朗总统将要住宿的寝室。仔细巡视了一圈后，仪典长阐述了他的感想："环境真是太好了，一定能使会谈进行得舒适顺利。"只是有一点，就是准备给密特朗总统使用的寝室中，床似乎有点小，希望可以换一张大一点的，还有房间内准备给总统使用的日用品，希望能再多几套备用。白宫官员当下爽快地答应了，并请他不用操心。

谁知道几天后，当地的报纸竟然登出"密特朗总统承袭专制王朝时代法国君王作风，不能忍受布什总统私宅的简朴，只不过在这里住一晚而已，就要求寝室内从床铺到装饰品全都要更换"的报道，而这个消息，也很快通过世界三大媒体之一的"法新社"转载，流传到世界各地。

当然，这个新闻也逃不过密特朗总统的眼睛，对他来说，在会见布什总统之前，个人威信就先受损，心里的滋味一定不好受。一位随行的人员透露："在飞往美国的专机中，总统也不忘向仪典长提出这点，责骂他手段实在不高明，我们在一旁看着也觉得很尴尬。"

很明显，新闻并没有将仪典长真正的意思报道出来，但是仪典长的行为也确实落人把柄，造成这次恶意毁谤事件。总之，就算不是仪典长个人的失职，但为了各项例行事务和仪式可以平安无事地进行，仪典长还是必须担负起所有责任，这是这个职位最严厉的考验。

仪典长之下，是担任各项仪式准备工作的仪典课，成员包括外交部仪典课派遣的五六个官员，以及爱丽舍宫里专属的仪典官三四人，总计约十人，他们必须承揽爱丽舍宫上上下下各种例行事务及仪式，只有一项例外——那就是飨宴的菜单。接下来将要叙述飨宴准备的整个过程，这些工作都是由执行长与主厨全权负责。

仪典课在准备各项事务时，一定会参考行事和仪式的守则，也就是所谓的仪典。爱丽舍宫的各种典礼仪式该如何按正确顺序进行，早就在"仪典要项"中规定好了，以这个作为准则才能作好各项准备，典礼当天才能顺利无误地进行。这个仪典会跟着时代潮流随时修正，直到第二次世界大战之前，传统中优雅庄重的宫廷外交思想都还保留着，战后，从60年代开始，经过70年代，一切都大幅度地简化，在蓬皮杜总统时期，几乎是脱胎换骨削减了一层，才有了今日的模样。

仪典的简约化，其实也是适应了忙碌快速时代的需求。不再讲究仪式里包含的老旧的繁文缛节，而是配合政治考量及目的性来规划适当的仪典，排除所有不必要的部分，是现在爱丽舍宫行事的一大趋势。

以大使呈献国书仪式的例子来说，驻法大使上任仪式的时间，不再像以前一样零散地进行，而是几个人安排成一批次同一天举行。献礼当天，外国大使前后到达爱丽舍宫，时间都事先错开。仪式在一楼面向中庭的“大使厅”举行，参礼的有总统、外交部长和爱丽舍宫的办事处长（有时是仪典长参加）。奉上国书之后，大使与总统、外交部长合影留念，然后就在大厅的沙发上闲聊一会儿，这样算起来全程不过十几分钟。服装方面不需要正式的礼服，一般的西装就可以了，也因此曾担任日本驻法大使的一位先生对仪式的感想是，“极度地商业化，像在做生意似的”。整个过程当中，比较具戏剧性效果的，要算是迎接外国大使的专车时，由法国共和军引导开路的声势浩大的阵容吧。

相对地，在日本天皇居所举行的呈递国书仪式上，历来规定“正式礼服或民族服装是基本要求”，而大使由宫内厅派遣的马车接往皇居也是不变的传统。只是，配合东京的交通状况，马车不可能从大使馆直接接送，而是从地铁东京站“丸之内”侧面的贵宾出口开始乘坐马车，同时，马车前后还有皇宫警察及警视厅的骑兵队护送。和这个比较起来，拥有悠久宫廷外交历史的爱丽舍宫对此仪式真是显得冷淡多了。

外国领袖正式访问时的欢迎宴，或以政经议题为中心的实务性访问，几乎都省略了夸张的仪式，而以务实的内容为趋势。大致情形如下：

访法的外国领袖与法国总统促膝交谈，席中仅有贴身随从几人参与，结束之后移往别间进行两国官员及访团成员的介绍仪式，通常会在呈国书仪式的“大使厅”举行，所有人员整齐地站成一列，由仪典长顺序介绍。因为参加的只有两国相关人士，所以在短时间内就可以结束。接下来，到场全员开始享用餐前酒，并在一边轻松地交谈。

然后，在恰当的时机开始飨宴。外国领袖和法国总统先行进入餐宴会场，然后两国的相关人员才接着入场。餐宴中是没有乐团演奏的，用餐完毕后，外国领袖由法国总统送行至玄关大厅，然后整个欢迎宴就告一段落。整体来看，除了迎送外国领袖时，玄关前广场的仪队行列比较有看头之外，餐宴本身及前后的一些仪式一点都不铺张。

再说实务性访问的情形。实务访问的餐宴，仪式性很弱，因为餐宴在这种状况下不过是一种政治协议的侧面辅助，本身并没有太大的意义。除此之外，实务性访问在外交礼仪上，以公宾待遇招待算是恰当，内容自然与最高级的国宾待遇有一层悬殊的差别。

接下来就是爱丽舍宫中，以最高仪礼欢迎国宾来访的过程：

以国宾待遇来访的外国领袖夫妇，在机场接受法国总统夫妇的接机之后，直接前往巴黎中心七区的安瓦利德广场（荣军院广场）参加欢迎式，现场有法国共和军仪队整齐地列队排开，奏完两国国歌后，进行外国元首的阅兵仪式，然后，由华丽的骑兵队先导，前往迎宾馆。国宾在巴黎停留的这一段时间内，会在凯旋门的无名战士之墓献花，也会拜会巴黎市政厅。在诸多的例行公事中，以到达当天在爱丽舍宫举行的欢迎晚会最精彩。唯有这个时候，宫廷外交才稍稍崭露头角，让来访贵宾享受无上的荣耀及礼遇。

晚餐会应该怎么执行都在“爱丽舍宫飨宴要项”里有详细记载。

一　国宾伉俪的坐车穿过拱门进入前庭的时候，三十四位共和军仪队（其中两人以骑马或哨兵姿势立于玄关两侧）行仪礼并开始奏乐，车子在玄关前停下，仪典长立于车门旁准备迎接国宾下车，由仪典长带领国宾登上玄关前阶梯（共七段），并引见在玄关大厅等候的总统夫妇。双方行见面礼之后，由仪典长带领前往法国总统的居住区，并在此享用餐前酒。

二　在这段时间中，餐会的其他宾客由仪典官迎接，进入一楼的房间（“大使厅”、“肖像厅”、“蓬巴杜夫人厅”三间），在此享用餐前酒。

三　贵宾们准备参加“介绍仪式”，让两国元首认识而向“缪拉厅”移动，全员依国宾随行代表团、法国政府代表团、其他相关团体等顺序一字排开，“威夏”（大声念诵来宾姓名并向主宾传达的特殊职称）一个一个叫出来宾名字，被叫到名字的人走向前，与两国元首夫妇握手。两国元首夫妇站的位子由左至右分别是：法国总统、国宾、国宾夫人、总统夫人。

四　“介绍仪式”结束之后，来宾们全体向餐宴会场“庆典厅”移动，在指定的位子入座稍候。

五　“介绍仪式”结束之后，两国元首夫妇由仪典长带领进入“庆典厅”，步入会场时，法国总统执国宾夫人的手、国宾执总统夫人的手行进，在场全员起立欢迎，并由共和军乐队奏乐。

六　晚餐进行之中，由共和军乐队伴奏音乐。

七　晚餐结束之后，法国总统夫妇及国宾夫妇移向冬庭厅，在此享用餐后的咖啡或红茶等饮料。

八　接下来，到拿破仑三世厅观赏艺术表演。

九　国宾告辞爱丽舍宫时，由总统夫妇伴随至玄关，此时，仪队兵行仪礼欢送。

看了这样仔仔细细按部就班的描述之后，就可以了解国宾与总统夫妇的动态举止了。

到达爱丽舍宫的国宾夫妇，并不是直接前往餐宴会场入座，而是先到总统居住区、位于东翼的其中一个房间休息闲谈，通常会选在总统的私人图书馆“书架厅”。在这里，两国元首夫妇一边享用餐前酒一边聊天，时间充裕的时候，总统夫妇还可以带国宾在居住区参观各个房间。建于18世纪初的爱丽舍宫，拥有许多有历史来头的房间，总统带国宾参观这些房间的时候，可以顺便说明房间内国宝级装饰品及绘画的来由。

时间差不多的时候，仪典长会暗示总统和国宾夫妇前往“介绍仪式”的会场。这是为了将与会的所有来宾介绍给两国元首的仪式，通常在“缪拉厅”举行。如前所述，国宾夫妇站在中间，两边是法国总统夫妇，被叫到名字的贵宾一个一个走出来徐徐前进，依顺序向四位主宾握手行礼，若是来宾超过两百人，光是一个“介绍仪式”就要花上一个半小时。

对一直保持站姿的国宾及总统夫妇来说，这项仪式真是一大负担。密特朗总统夫人达妮埃尔曾有这样一段访谈：“身为一个总统夫人，最痛苦的时间要算是餐会前的‘介绍仪式’吧。看到来宾列队排成一道长蛇，不知道什么时候才能结束，只能不断地对自己说：忍耐！忍耐！”

在密特朗总统十四年的任期中，只有两次取消国宾晚宴“介绍仪式”。一次是1987年4月沙特阿拉伯国王法赫德因病取消，以及同年11月，因中国国家主席李先念七十八岁高龄而省略这个累人的仪式。

“介绍仪式”结束后，国宾与总统互执对方夫人的手进入庆典厅，在那里已经就位的全体来宾会起立欢迎，四位主宾在主桌的中央席位上就坐之后，飨宴就正式开始了。按惯例时间通常是八点半。

晚餐后的余兴节目有室内乐、歌曲等小型演唱会，但有时也会省略。慢慢享用餐后酒之后，国宾夫妇差不多要告辞了，总统夫妇会一直送客到玄关为止。

传令官朗朗念诵宾客名字的“介绍仪式”、来宾全员注视着两元首执彼此夫人的手进入会场等，都镶嵌着从前宫廷外交的华丽外表，酝酿出一种厚重壮丽的气氛。其中，绝不能错过的重点演出，要算是国宾夫妇抵达和离开爱丽舍宫时，抢眼的仪仗队表演。

仪仗队白色裤裙搭配清一色藏青制服，腰间配刀、金色徽章、银盔甲，模仿拿破仑帝政时期让欧洲各国闻之丧胆的精锐部队装扮，华丽的服装衬托出傲人的英姿。国宾夫妇到达爱丽舍宫的时候，仪队全体拔出配刀高举在前行礼，像这样的欢迎仪式真是让人感到无上的光荣。英国前首相撒切尔夫人在回忆录中也曾提到被这样浩大的仪队欢迎时的感想：“法国人这样全心全意地演出，让我当时感到有点手足无措。”

这支仪仗队属于法国共和军骑兵连队，平常驻守在巴黎郊外的营地，每逢爱丽舍宫举行例行典礼或仪式，就会差遣一定人数的军队及马匹到场支援。

一个国宾晚宴设置这么多慎重的仪式礼节，无非是希望让这最高等级的贵宾留下难忘的回忆，同时，国宾访问本身在外交上就有其特别的意义，不能不谨慎。

国宾访问的意义，是即使国家元首替换了，两国的友好关系也不受影响的意思。当国家元首由选举等过程产生的时候，新元首的初访一律以国宾待遇招待，就算第一次只是实务访问，在任期中至少都会有一次享受国宾待遇的机会。在访问国接受豪华晚宴的款待，同时也结下不变的友谊及善意的誓约。

对于像国王、天皇等终生的元首，或长期执政的总统，有什么特别的规定呢？外交惯例上规定，凡是受过一次国宾级礼遇后，至少十年间不能重复享受。例如密特朗总统执政十四年，曾因参加发达国家元首会议、日本天皇大丧礼等等，四次访问日本，而以国宾身份接受招待的，只有1982年4月的初次访问一次而已。

宴会上要招待将近三百人的情况屡见不鲜，这样重量级的国宾晚宴的准备工作，对爱丽舍宫仪典课来说，是所有例行事务仪礼中难度最大的。但问题倒不完全出在人数上，因为光看人数多寡的话，革命纪念日的万人招待会规模要比这个大得多，而后者有既定的步骤程序，每年几乎都是重复同样形式在举办，所以还算简单。

国宾的欢迎晚宴困难的地方，在于它和政治紧密结合，稍有一点差错都不可原谅。由于晚宴攸关两国关系的变化，错了一步，在外交上就可能产生大问题。为了避免遗漏让宴会能够顺利进行，数天前就必须开始周全的准备和细心设想。“这样的努力如果可以一直持续到宴会当天，就算是百分之九十的成功了。”仪典官感叹。

晚宴的日期决定之后，仪典课要选出当天的负责人数名。接着，第一个要进行的，就是列出来宾名单。一边和外交部相关单位取得联系，一边开始条列名单。

无条件招待的宾客包括：与国宾同行的代表团成员、法国的政府官员、阁员和上下议院的议长。除此之外，已卸任的总统、总理也会自动列在名单上。其他如联系两国关系的企业家、文化工作者等等都会被挑选进来。名单做成后，交由总统顾问及幕僚过目，补充新的宾客名单做成方案，上呈给总统，总统削减、增加成员后，一张招待宾客的名单才大功告成。

密特朗总统时代的仪典官曾说："名单的拟定是一项政治运作。"因为那不是凑一凑人头就可以了事的，谁一定要请，谁不该请，都是极高的政治性作业。因为受到爱丽舍宫飨宴的邀请，是一项无上的荣耀，同时也是社会地位高尚的证明，何况是国家元首参与的国宾宴会，当然更受到各界重视。

通常总统决定的宾客名单，绝对不会只是依幕僚提出的方案照单全收。"总统批过的名单上，用一条黑线勾出一位宾客的名字，旁边则写着'没有理由招待此人'。总统用词如此强硬，意味着今后此人将永远除名。"这位仪典官说。

法国受到左右对立的意识形态影响很深，这样的观念也在社会中根深蒂固。虽然在政治风气上有趋于中庸的说法，但法国大革命之后就出现的左倾、右倾思想潮流，还是孕育出不妥协的政治风格，官僚们对自己的政治信念、支持的政党等都有非常明确的认知。在这样的社会风气之下，宾客的名单很难取得平衡，往往总统对人的喜好都会反映在上面。

希拉克总统还是巴黎市长的时候，每逢爱丽舍宫举办国宾宴会，他的名字一定都会在名单上。但是密特朗总统任期中，希拉克对邀请总是不理。仪典课的观察认为，这不只是社会党与保守党立场不合的问题，还牵扯到两人之间的纠葛。自1986年起的两年间，希拉克任巴黎市长，同时也出任过总理，与密特朗总统的关系像两人三脚的游戏，当时称作"革保共存政权"。然而，两人的意见完全相左，互扯后腿，两人三脚的游戏根本玩不下去。

1981年总统大选上败给密特朗的前总统德斯坦也是，每次以前总统的身份登上受邀者名单，但总是用"没时间"当作理由拒绝出席。

接下来，当名单确认之后，仪典课必须电话联络受邀者，一一确认其出席与否。允诺出席的，则立刻发送邀请函，但即使电话中答应出席，之后也会发生因临时有急事想取消的状况，所以邀请函中会夹着回复明信片，以便做最后的确认。若在电话邀请中就被回绝，名额会从候补名单中递补上来。根据仪典课的统计，国宾晚宴的平均出席率是百分之八十五，而像英国女王伊丽莎白二世等大国的贵宾与会的晚宴，通常可以达到百分之百的出席率。

菜单封面要用的画作也是由仪典课决定。爱丽舍宫的飨宴上，菜单是一份一份放在宾客席位上的。按惯例，封面会选用法国美术馆内收藏的著名绘画，加以彩色印刷；内页还会注明作品名称、画家简介等，一方面借机展现法国丰富的艺术遗产，一方面为宴会增添视觉上的愉悦。

菜单的画，由总统先选出十幅左右，再交给仪典课，从中挑出一幅最符合宴会气氛的作品。密特朗总统总是以印象派作品为主，有时也蛮喜欢立体派的作品，例如 1992 年 6 月英国女王伊丽莎白二世欢迎晚宴上，用的是马蒂斯的《黄与蓝的房间》作为菜单封面，而 1990 年 1 月日本海部首相的欢迎午餐会上，则选用了毕加索的《少女的画像》。相对地，前任总统德斯坦比较常用十七、十八世纪王政时期的绘画，特别偏好优美的洛可可时期的作品，其中，以布歇的作品最受青睐。

餐宴的准备工作中，最让仪典课头痛的，要算是席次的安排了。

1988 年以前，国宾欢迎晚宴中桌子排列的方式一直都是 U 形或熊掌形，直到 1989 年，依照密特朗总统的要求，将主桌排成长方形，其他宾客则改成椭圆形，于是就这么固定下来了。主席桌可以坐二十到二十六个人，以法国总统和国宾夫妇为中心，依照宾客地位高低顺序向外排开。椭圆桌坐八到十个人，地位越高的越靠近主席桌，而同一桌中面向主席桌的席次是第一上座。

爱丽舍宫的仪典课必须以桌子的排列位置为准则，将来宾的地位高低清楚地划分出来，然而实行起来却困难重重。谁该在哪个位子上入座，每桌的最上座又该属于谁，都牵涉宾客们的政治地位与社会阶层，随着宴会规模的扩大和重要人物的增加，安排位置的工作会越来越困难，往往到了宴会前夕还在争执商榷，因为一旦出错，宴会的目的就很可能整个被糟蹋了。

即使宾客地位阶级相同，还要进一步考虑哪些人坐在一起谈话兴致才会高，可能的话，最好将相同职业的人都安排在一桌，夫妇座位要错开才能和旁边的人打成一片，男女宾客平均分散开来交互安插才显得平衡。这一点在日本的宫廷宴会中也是准则，但按照宫廷职员的说法，实行上格外困难，因为在日本，即使邀请的是夫妻，夫人们往往借种种理由不出席，最后出席宴会的大多是单独的男性，加上受邀的女性本来就很少，一桌中清一色男性的状况很难避免。

法国公职人员的职位高低顺序是有法令规定的。这是1905年颁布的法令，称为“公共仪典规范及席次权，市民与军队仪礼相关政令”。其中第二条中记载：集团成员及公职人员出席正式仪式时，须依以下规定序列入席——

1. 总统；2. 首相；3. 上议院议长；4. 国民议会（下议院）议长；5. 前总统（依年代顺序）；6. 阁员（根据总统决定的顺序）；7. 前首相(依年代顺序)；8. 宪法评议会议长；9. 国务院副议长[②]；10. 经济社会评议会议长[③]；11. 下议院议员；12. 上议院议员；13. 法国荣誉军团勋位局总裁；……20. 警察总长；21. 巴黎市长；……24. 国立研究所所长、学士院会员；……32. 证券所长；33. 巴黎大学区长……最后排名第六十三的是国营企业会计监察长。

法国的法令以严谨出名，制订这项法令的时代是在第三共和时期，当时的法国历经了王朝复辟及帝政时期，正值民权意识高涨的市民社会开始阶段，跟从前君主高高在上的王政帝政不同，倡导主权在民的共和政体，要推行崭新的政治及社会秩序，因此正式的公职序列就依照政令严谨地规定下来。当时，凡是有正式的仪式典礼的时候，哪一个职位的人坐哪一个席次，都必须依照这个政令的规定来执行。

因为这条政令是在20世纪初订定的，经过时代变迁已经有些不适合的地方，于是1989年9月修正过一次，将其中一些顺序重新交替排列（前记的顺序就是修正后的结果）。然而修改的结果却招来强烈的抨击，特别是那些序列下降的团体。其中，从排名第十掉到第二十四的学士院会员最不满，这个主要由文学家及艺术家组成的团体责难政府“轻视艺术文化不可原谅”，还引发了联合抵制爱丽舍宫邀约的运动。

爱丽舍宫的仪典课虽然可以参照这项政令来安排席次，但它并不是万能的。例如民间企业的老板、明星、劳工组织干部等等，一些分不出高低的职业太多了。还有一种情形，即多数的国家元首齐聚一堂的时候，席次的安排更令人头大。实际上，爱丽舍宫确实发生过这样的纠纷，那是庆祝法国大革命两百周年纪念的一场盛大飨宴上。

1989年7月13日，爱丽舍宫庆典厅举办一场盛大的午餐会，包括发达国家和发展中国家的三十五国元首都出席了。代表“南”的领袖以菲律宾总统科拉松 · 阿基诺领头，之后还有墨西哥总统萨利纳斯、埃及总统穆巴拉克、巴基斯坦的首相布托等。除此之外，翌日参加发达国家元首会议的美国总统布什、英国首相撒切尔夫人等国家领袖也出席，总计出席这场午餐盛会的宾客约两百六十人。

平常容下二十六人的主席长桌这时也硬塞到了三十五人，但问题就出在席次顺序的安排上。到了宴会当日的早上，仪典课才终于决定了席次，仪典长也通过决议。但是，总统特别顾问雅克 · 阿塔利看过席次表之后丢了一句话：“这样行不通，赶快改过来。”就这么推翻原案，匆匆忙忙赶到特罗卡迪罗广场去了。在巴黎市内的特罗卡迪罗广场上，密特朗总统正与三十五国领袖齐聚一堂，举行人权宣言纪念仪式，这个仪式结束之后，全员就要转移阵地前往爱丽舍宫的午宴会场了。

仪典课将部分的贵宾席次调整之后，将决案书火速送往特罗卡迪罗广场给阿塔利先生过目。但是从阿塔利先生那儿退回来的结果，写满了修改记号和交错复杂的箭头，几乎无法判读，当仪典长和仪典课的人一项项订正的时候，阿塔利先生也赶回来了，但是却因为太慌张，每个人都乱了手脚。眼看着午餐会开始的时间一刻一刻逼近了。

终于耐不住性子的仪典长抢下决案书丢了一句："我去请示总统。"然后一个箭步就向总统的办公室冲去，纷纷扰扰了这么久，这次午餐会的席次问题，一直等到筵席开始前十分钟才由总统本人作了最后的决定。

根据这个决定，密特朗总统的对面，坐的正是西方最强国的领袖美国总统布什，两位总统右手边的上座则分别坐着1986年推翻马科斯政权实现民主化政治的菲律宾总统阿基诺，与1960年就位以来一直没换过的西非科特迪瓦总统乌弗埃·博瓦尼。这样一来，发达国家就不会被人诟病为无视于发展中国家了。以这四人为主轴，其他国家的领袖依顺序向两侧排开，但问题就出在西德总理科尔和英首相撒切尔夫人的位置安排上，他们两位虽身为先进国家的一员，但总不是国家元首，让他们混在第三世界国家元首之中也是不得已的事，而密特朗总统却大胆地将他们两位从下座的位置提升上来，而将原本应该坐上座的法国总理罗卡尔及欧盟委员长多罗尔换下来，安排到主席桌最边端的位子上去。

密特朗总统与总理罗卡尔虽然同为社会党员，但刚好那一阵子两人不太有默契，因此安排他坐在主席桌末座的事情，马上被渲染成"密特朗总统好恶的表态"，被法国各大媒体大肆报道。但实际上，为了维护三十五国领袖的颜面，牺牲一下自己属下也是不得已的。其次，英国媒体上出现了“密特朗总统敷衍撒切尔夫人”的报道，并批判席次安排得过于低下，却不知真相其实是已经将她的席次大大地提升了。

像这样，依事情的大小，席次的安排也呈现不同的重要性，甚至连政治等级、国家名誉都可能会扯进来。对仪典课来说，席次准备当中有解决不完的麻烦，但是，一旦席次决定之后，就真的什么都搞定了吗？那也不一定。

已经过世的名歌手尤蒙顿曾受邀参加爱丽舍宫的晚宴。当法国总统与国宾结束“介绍仪式”、宾客依次进入会场“庆典厅”时，就看见尤蒙顿一个人晃来晃去始终不肯在指定的席位上就坐。接着，他向一位站在大厅一角的仪典官招手，仪典官靠过去询问他有什么问题，他回答：“我的位子是背对着总统和国宾的，很抱歉，这么失礼的事情我实在做不到。”

仪典官立刻查明事情的细节，尤蒙顿的席位是在稍微远离主席桌的椭圆形桌那，由于尤蒙顿的身份最低，所以才安排背对总统和国宾的位子给他，但是他显然很不满意，不停地委屈抱怨着：“为什么我非要坐这个位子不可。”

虽然仪典官不断解释，全场席位都决定好了，现在要换位子实在不可能，但他仍顽强地不肯让步：“不！这么失礼的位子我绝对不要。”

双方坚持不下，最后仪典官只好问坐在尤蒙顿正对面的劳工局干部，是不是可以换个位子。那个位子正面对着主席桌，是最上座，幸好他说：“我是尤蒙顿的歌迷，换位子当然没问题，请坐请坐。”然后毫不迟疑地交换了座位。

仪典官的责任是解决宴会当天宾客们的疑虑，每一回，绝对会出现像尤蒙顿这样对席位安排不满的客人，而对方的要求是不是一定满足则要视状况而定。反观日本宫廷中的晚宴，对自己的席位不满而开口要求变更的事情是想都想不到的，而对职位的顺序都要用法律明定的法国人来说，对自己在公共场合上的序列位置抱持着很强的权利意识，自然会做出讨价还价的行为。

前面已经提过，仪典课的组成包括外交部派出来的官员和爱丽舍宫中专属的成员，相对于任职四五年后又调回外交部的官员来说，爱丽舍宫的专员各个都是长年处理例行仪式、仪典的老手，这些对仪典事宜了若指掌、接待技巧熟练的仪典官们，对于饭店、餐厅等观光业界来说，是不可多得的宝贵人才，因此，挖角的事情也司空见惯。

设计师皮尔·卡丹于1986年在爱丽舍宫附近的卡布里耶大道开了一家麦克森饭店，而总监就是延揽而来的仪典官迪里翁先生。这家集合了皮尔·卡丹长年收集的高级家具、珍贵名品的一流大饭店，接待的顾客也是世界顶级的人物。“为了让顾客获得最佳的待遇，从业人员应具备怎样的灵敏度，及对种种状况该如何妥帖地应对，都希望从爱丽舍宫的经验中学习。”这正是高薪挖角的理由。那位迪里翁先生对我说：“在面对各国元首的爱丽舍宫中磨练下来，现在已经不知道什么叫害怕了；这里的VIP客人，再怎么样也不会比总统大吧。”

注　释

① 基本上国宾待遇的对象只针对一国元首，公宾则是相当于元首地位的人物（首相或皇太子），元首未受国宾之礼招待时视为公宾，惯例上无论国宾或公宾，停留期间的各项费用都由地主国负担，而相对地，非正式访问时的花费则由来访者负担。

② 政府行政、立法咨询机构，同时也处理行政诉讼事宜。院长同时是司法大臣，但并不实际参与事务。

③ 经济、社会问题的政府咨询机构。

第四章

执行长与四样菜单

爱丽舍宫的飨宴菜单最后虽然由总统来决定，但备选方案却是交由执行长设计，连仪典长对菜单都无权过问。因此，在说明菜单如何以执行长的意见为中心精心设计出来之前，我们先来看看执行长这个在爱丽舍宫里才有的独特职位究竟是做什么的。

简单地说，执行长负责总统夫妇的私生活，为了让总统夫妇在爱丽舍宫里过得顺利舒适，执行长必须切实地分配属下的责任，发挥分工合作的优势。生活上的杂事、总统私人房间的维护管理、和友人进餐时的准备（总统夫妇私人的餐会是仪典长管不到的事），甚至连总统夫妇出游的时候，执行长都得随侍在侧。而有权进出总统私人房间的，也只有执行长与几个固定的人士而已。

爱丽舍宫是统筹国家政务的权力中枢，对很多总统来说，它绝不是一个暂住的地方而已。如果将这里比作是贵族的公馆，总统就好比是爱丽舍宫的主人，从室内的摆设到庭院种植的花草，都是依照总统的喜好来设计的，当然，宫中餐点更是无一例外地必须配合总统的好恶。从主厨到下属的厨师和选酒师，都隶属于执行长管理，总统的口味、希望吃到的餐点，都通过执行长传达到厨房去。要使整个爱丽舍宫具有总统的个人色彩，执行长绝对是个重要的关键，因为这个职务必须不断地体察总统的心思，甚至在总统还没想到以前就先察觉到，然后彻底执行。

以组织的划分来说，执行长属于爱丽舍宫的官员，但实际上却比其他的长官更接近总统个人。这个职位有一项不能违反的铁律，那就是对总统的命令绝对地服从，并且，关于总统的事情一律三缄其口。

总统与执行长之间维持着怎样的紧密关系，有个例子足以说明。1980 年 2 月，德斯坦总统邀请德国总理施密特到爱丽舍宫进行会谈，会谈中，施密特总理忽然身体不舒服而昏倒，而在外面，一大群记者正等着会谈结束召开记者会。当时，世界正逢东西对峙的冷战高潮，这种对峙局面下，德国总理昏倒的新闻要是传出去，一定会在西德国内引起恐慌。

这时德斯坦立即以内线电话秘密召来的人，正是执行长埃内坎先生。总统让他避开众人的注意，请来宫里的专属医师，还不忘特别叮咛："要假装什么事也没发生过。"就这样，让施密特总理在沙发上躺着休息，并对外宣称因会谈时间延长，同时取消了晚宴。这个秘密埃内坎先生一次也没有向外界透露过，直到德斯坦总统卸任后的 1988 年，经过施密特总理的允许，他才在《回忆录》中阐明事实。

爱丽舍宫执行长的职位，历任都是由具备海军杂役长经验的人担任。为了服务军港及船舰上各官兵的起居，海军直属学校中设有杂役部，专门培养管理人才。从杂役部升上来的杂役长，必须具备统观全局的视野、贯彻到底的执行力，和统筹大局讲求效率的能力，除此之外，军人的背景也使其在保守秘密及忠诚度方面都是无可挑剔的。

像服务密特朗总统的执行长加缪 · 达韦纳先生，就曾修过海军学校的杂役课程，毕业后，分派到面对大西洋的诺曼底省雪布尔军港，并以这里为起点，开始在国内各地的海军基地官兵餐厅或将领俱乐部担任杂役职务。在进入爱丽舍宫之前，还曾担任航空母舰上的将校专属杂役长。

由于与总统关系密切，执行长的职务任期绝不可能跨越两任总统，一旦总统卸任了，他也必须辞职回归原属的海军单位。德斯坦总统时代的执行长埃内坎，在1981年5月总统再度竞选落败后，立即离开了爱丽舍宫，跟总统共进退。下任总统密特朗的执行长是从海军调来的杜尼·沃蒂耶，然而因为别的任务四年后又调回了海军。1985年，达韦纳接任了这项职务。到1995年爱丽舍宫易主之后，达韦纳辞职，希拉克总统任命海军的帕特里克·摩尔罗接任执行长。

执行长的办公室位于爱丽舍宫西翼的一楼，面对着前庭。爱丽舍宫的建筑呈U字形，东西翼建筑像拥抱前庭一般向正门伸出，西翼建筑的正中央就是执行长办公室的所在。开门进去，先是两位秘书的办公室，接着就是执行长的办公室。

执行长真是忙得不可开交，我和达韦纳先生曾有过无数次的碰面，但每次即使约好了时间，一进到屋内总是看不到人。秘书为我打电话询问也没有下文，每每到了不得不告辞的时候，才听到他说“让你久等了，抱歉，抱歉”，然后匆匆忙忙地赶回来。而且，我所认识的历任执行长对于总统私人的话题都口风严谨。有一次采访达韦纳先生的时候话题涉及到总统的嗜好，我请他具体地说出总统的好恶，却得到“恕不奉告”这样断然的回绝。问他为什么，他说，这部分牵涉到总统的隐私……果然，执行长真可说是保护总统的防波堤。

从战后一直到戴高乐总统为止，爱丽舍宫的菜单都是直接由总统夫人向主厨提出指示；执行长介入并负责菜单方案的提供，是从蓬皮杜总统才开始的，因此也可以说爱丽舍宫的餐桌是从这个时候才开始明确地反映政治意图的。总统想要如何款待客人，从这时起，也更直接地投射到菜单里了。

仪典课决定好餐宴的日期行程之后，执行长就必须招集主厨乔埃尔·诺曼及选酒师帕特里斯·纪尧姆开会。

而宴会也分成好多种，有将近三百人的盛大国宾晚宴、十几个人的公宾宴会、非正式访问的餐会等等，菜单的内容、品质会随着宴会等级而有所不同。甚至连国宾宴会，也会因为来宾国籍不同而有所差别，法国的友好同盟国、普通的邦交国，或是利害相抵的对手，招待的方式当然是不一样的。

除此之外，爱丽舍宫菜单的等级还反映着宾客的政治重要性。最高等级的当然是外国元首访问的国宾筵席了，相较之下，皇族、王族和首相的公宾筵席就略逊一筹。而在最高等级的国宾筵席中还有差别，即国王、皇帝、天皇等终身领袖的招待当然又在总统之上。以此类推，同样是公宾筵席，皇族、王族的等级也在首相之上。

宾客与总统的私人情谊也是准备菜单时一项重要的考虑内容。互相抱持着亲近感的好朋友，抑或只是普通朋友，这中间自然要显示差别。而既不是亲近的朋友，在政坛上又是走下坡的人物，在不失礼的范围内稍有敷衍也在所难免。例如，密特朗总统对德国总理科尔、英国首相撒切尔夫人，都比别的国家首相来得重视，在菜单上也自然比较用心。那是因为密特朗总统在私下与这两位的私人关系也比较亲密。

除了讲究餐点与酒的口感搭配之外，执行长还必须为个别的餐宴设计适合的菜单，其中当然包含政治考量，同时，又因为对象都是世界级贵宾，必然也有一些必须注意的规则及重点。

首先，对同一位贵宾绝不供应重复过的菜色。如果主宾曾经出席过爱丽舍宫的飨宴，当时的菜单一定要先确认清楚。80 年代末以前，这些菜单的记录都留在一本很大的手写笔记本上，到了 90 年代，资料全部输入电脑，一页页翻笔记本的景象很难见到了。

考虑主宾的嗜好也是一项重点。关于这一点，由驻外大使馆官员提供信息，经由爱丽舍宫的仪典长再转交给执行长。宗教上的禁忌、个人好恶、对哪些食物过敏等等都包括在内。特别是宗教上的禁忌，必须由执行长、主厨、选酒师慎重地一再确认。一般说来，爱丽舍宫的食材中很少用到猪肉，但遇到虔诚的犹太教徒，即使是别的肉也必须按照一定的方式将血清干净才能烹调。乳制品与肉类同时食用也被认为是不好的，这是因为《圣经》旧约上曾提到，羔羊肉以其母亲的乳汁一起烹煮是罪恶。此外，对印度教徒来说，牛是神圣的，也不能吃。素食主义者也分很多层次，到哪个阶段必须严守规定，都必须周到地注意并严格确认。

还有些人不能接受野味，像是鹿肉、田鸡、兔肉等等。此外，主宾国家生产的特产品也最好不要用，例如，招待米饭为主食的亚洲国家宾客，以不采用米饭为原则。大蒜虽然是菜肴中不可缺少的调味料，但考虑到女性宾客，应该尽量控制菜里的大蒜味。

有时候，菜单还会因为总统特定的指示而产生局限。例如，密特朗总统就特别指示执行长达韦纳不要采用狩猎的野味作为食材，尽管晚秋正是野味最鲜美的季节，总统仍以“不能忍受拿枪射击野生动物的残酷行为”的理由拒绝，即使不是自己射击的。这个规定直到希拉克总统就任才取消，从此主厨选择食材的范围也才变得宽广起来。

开会之后，菜单的轮廓大致成形，主厨诺曼开始设计具体的餐点。爱丽舍宫的菜单形式已固定，包括前菜、主菜、与主菜搭配的沙拉（有时也采用烫过的菜）、乳酪、甜点共五样，主厨必须按照形式设计出三套菜单，然后再交由选酒师去搭配适合的酒，此时主厨必须和选酒师商讨餐点与酒的味道是否完美相称，进行到细节，两人意见若是不合，就开一瓶酒来试饮。

依照这样的程序，三套菜单的方案才算完成，通过执行长交由总统做最后的审核。

然而，这样还不算是结束。总统通常会对三套菜单一一推敲研究，并加上许多要求。主厨诺曼就曾经回忆说："从总统那儿退回来的菜单上一定密密麻麻地写了一大堆字，像这道前菜是不是与这种酒比较搭配啦，主菜的肉用小火调理会比较好啦……各种指示都有。欢迎科尔总理的餐宴菜单上，每回必定注明菜肴的分量要比平常多一点。有的时候甚至退回整个方案，要求重新设计。密特朗总统对菜单看得非常仔细，又没有一定的规则，常常不知道会添些什么意见再退回来，大家都很紧张。"

像这样，菜单往往拖到宴会开始两周前才决定好，然后厨房开始准备材料。

包括大型餐会在内，爱丽舍宫自己准备全部餐宴菜肴的历史并不长，是从蓬皮杜总统时代才开始的。在那之前，爱丽舍宫厨房所能准备的，最多也不过是数十人的中型餐会，超过百人的国宴就只能外包给餐厅。从前菜到甜点，都是向有名的餐厅、专门的高级外卖店订购，宴会开始前送达爱丽舍宫的厨房稍微加热一下就上桌。那时爱丽舍宫的厨房不但小，厨师人数也不多，实在应付不来人数众多的餐宴。

以美食家出名的蓬皮杜总统，在1969年入主爱丽舍宫的时候，直接请来他从前在总理官邸里的主厨马塞尔·卢瑟波担任爱丽舍宫的主厨。蓬皮杜总统在总理任内，每天尝到卢瑟波的手艺，对他的评价自然非比寻常。除此之外，他还大刀阔斧改装厨房，增添厨师人数，调整厨房设备与阵容。而现在这种由执行长、主厨、选酒师共同拟定三套菜单方案，交给总统做最后决议的形式，也是从他开始的。

自从蓬皮杜总统上任之后，爱丽舍宫的菜单有了各种改革，其中最值得一提的是，从此之后餐点与酒就不再是没关系的两样东西了。蓬皮杜总统不只是个美食家，在艺术上的造诣也不得了，尤其对现代美术（特别是 Kinetic Art、OP Art[①]）涉猎很深。今天我们看到的蓬皮杜中心这栋展示现代美术的新颖建筑，就是他提议建造的，除此之外，他也非常关心其他各项文化事业。

对一向主张“饮食表现文化”的蓬皮杜总统来说，这句话不应该只是一个口号，而是要付诸实践的，所以以往高级餐厅提供的“匿名餐点”实在不能打响法国菜和法国酒的名声，所以他才坚持要创立“爱丽舍宫的餐点”。

还有一项不可忽视的是，重视厨师地位与菜色的创新，是当时社会中一股新兴潮流。相对于以往的传统餐点，“新法国菜”（Nouvelle Cuisine）在法国抬头，并席卷整个社会。这股新潮流讲究控制脂肪、盐分和奶油的使用，烹煮用小火，将素材的鲜味表现出来，完全挑战了从前讲究大火煮透、拌上奶油调制酱料的传统调理方法。

而餐饮革命的同时，制作餐点的厨师们也兴起一阵革命风潮。从前被餐厅雇用的厨师都是隐姓埋名默默地在厨房里工作，但是带领法国新餐饮浪潮的厨师们——保罗·博屈兹、米夏埃尔·盖拉尔（Michael Guérard）、特鲁瓦格罗兄弟等人，却自己经营餐厅，供应自己独创的菜肴，甚至在客人面前表演，一面询问客人的口味一面调整菜的味道。这种作风，真的将“饮食即文化”的观念传承并表现出来，落实到社会的一般认知里去。

卢瑟波先生就是在这股流行风下被请进爱丽舍宫的。由此看来，爱丽舍宫的动向并不是与社会脱节的，甚至从社会底层兴起的厨师与餐点的革命暗潮也会直接影响它。在有意无意之间，蓬皮杜总统与卢瑟波先生这两个人的搭配，已经为爱丽舍宫的餐桌带来一股反映社会潮流的革新气息。曾与卢瑟波先生共事的执行长达韦纳称赞：“正因为有了卢瑟波先生，爱丽舍宫的菜单才有了今日的基本概念。”没错，今天我们看到的爱丽舍宫的菜色，真的是刻印着卢瑟波先生的思想。

对于“前菜、主菜、沙拉、乳酪与甜点”这样的基本架构，卢瑟波先生有独到的想法：爱丽舍宫飨宴的豪华并不是表现在菜色多寡上，重点在于菜色虽然简单，却十足地精致讲究。同时，按规定，前菜、主菜各有一道，绝不可能出现前菜两道或主菜两道的场面。所以，第二章里提到欢迎中国国家主席江泽民的晚宴上出现了额外的一道汤，那真是例外中的例外。

和其他国家的飨宴比起来，爱丽舍宫的菜单怎么看都比别人简单。以日本为例，1982 年 4 月 15 日密特朗总统以国宾身份受邀访日的时候，晚宴菜单的内容如下：

清羹（鳖汤）

酒蒸甘鲷

烟熏嫩鸡冷盘

烘烤羊肉

沙拉

冰点（富士山形冰淇淋）

甜点（香瓜、草莓）

前菜、主菜各两样，甜点也是两样。

爱丽舍宫的菜单虽然讲究简单，但却是经过多方考虑的。为了可以尝到白酒与红酒的味道，前菜为搭配白酒的菜肴，主菜则是适合红酒的肉类餐点，两种酒缺了一项，餐点的味道就不能完美表现。

至于餐点的味道，主厨卢瑟波抱持的是传统风味，酱汁浓味道重，素材彻底的烹煮熟透。“爱丽舍宫的餐点传承法国菜的传统”这个想法是卢瑟波与蓬皮杜总统两人一致的考量。但这不表示他们就无视于当时的流行风潮。

现在我们看到的爱丽舍宫餐点，其实受到法国新餐饮潮流很大的影响。喜好味道浓重的传统风味的蓬皮杜总统在1974年去世之后，由德斯坦总统继任，爱丽舍宫餐点的口味也跟着变淡，除了配合总统清淡的饮食习惯之外，还受到一件事情的影响。

法国新式餐点的旗手保罗·博屈兹因为对法国菜贡献有功，于1975年2月荣获德斯坦总统颁发的荣誉军团勋章。当晚，还特别请保罗·博屈兹为纪念餐会下厨做菜。爱丽舍宫以外的人获准进厨房做菜，可说是空前绝后唯一的一次。

当晚餐会的餐点如下：

VGE松露汤

虎杖草拌罗瓦尔生鲑

鸭肉冷盘，附鱼子酱

特别空运进口的野草莓

所谓VGE风味，其实是保罗·博屈兹取“瓦雷利·德斯坦”总统的缩写（Valery Giscard d'Estarng），特别为这一天创作的一道菜。将汤碗口覆盖的一层酥派皮戳破后，一阵松露的香味扑鼻而来，完全符合博屈兹创造餐点意外性的主张，而他拿手的表演在这个最高荣誉的场合也获得赞赏。

从此以后，爱丽舍宫的餐点在酱料方面变得比较清淡，素材的烹煮也倾向生一点以展现原味。例如芦笋与花菜水煮的时候比往常时间短一点，鱼和肉烹调的火候也小一点等等，而其中最大的转变则是日本酱油也被采用。卢瑟波从法国新式餐点厨师的创作中获得灵感，首次尝试使用酱油做菜，经由他的引介，酱油成为鱼排酱料中基本的味道，而且已是爱丽舍宫厨房中不可或缺的一种调味料。但是话又说回来，爱丽舍宫餐点并没有完全被法国新式餐点取代，它仍然站在传统的主轴上，只是吸收别的流派的优点而已。

爱丽舍宫成为总统官邸以来，第一次有了自己的特色，即大家口耳相传的“爱丽舍宫的餐桌”，这都要归功于蓬皮杜总统。他就像是个里程碑，在他之前与之后，“爱丽舍宫的餐桌”展现完全不同的性格。从一桌“无名的菜肴”摇身一变成为“爱丽舍宫专用餐点”，而内容上也从“多样奢侈”转变成“精致讲究”，蓬皮杜总统与卢瑟波两人同心协力，为“爱丽舍宫的餐桌”去芜存菁，将其推向一个新的高度。

卢瑟波先生是个豪放磊落充满幽默感的人，体型庞大、肥胖，脸蛋红通通的，对于美食和好酒总是爱不释手，是从前那种典型的厨师。加上性格开朗，具统御力与行动力，在爱丽舍宫以外也结交不少朋友。他号召世界上为元首烹饪的厨师们于 1977 年成立“御厨俱乐部”，直到现在，仍定期在会员国的首都开会，邀集各国元首的专任主厨齐聚一堂。

1984 年卢瑟波以六十二岁的年龄退休，继任的主厨是一直受他熏陶的副主厨诺曼。卢瑟波先生退休之后，走访世界各地的友人，指导菜肴的做法，偶尔在短期的烹饪教室教学，在日本也有几次烹饪的示范表演。可惜，1989 年在家乡驾着铁牛车时发生意外事故身亡。告别式上，厨师们从世界各国前来为他吊唁。

由卢瑟波奠定基础、新一任的主厨诺曼继承的爱丽舍宫餐点，在接受招待的宾客心目中有着什么样的评价呢？著有《欧洲的餐桌》等书、餐点的造诣颇深并多次受邀参加爱丽舍宫飨宴的作家约翰·费尔尼奥先生评价说：“就餐点的口味来看，走的是传统与创新之间的路线，又稍微偏古典一点。对爱丽舍宫的厨师来说，最绑手绑脚的是对法国传统菜肴不得不有一定程度的忠实，而无法发挥新的实验、尝试，同时因为各种制约而有不少禁用的食材。”

我问他，若是以米其林餐厅指南（最高等级为三颗星）的标准来评定的话，爱丽舍宫的餐点应该得几颗星，他笑笑说：“至少也有两颗星吧，虽然地点不太好，在这个巴黎市中心谁都不晓得的地方……”

注释

① Kinetic Art，强调作品里表现运动效果的现代美术流派，利用马达让立体作品产生运动或利用风力让作品产生微妙的震动等。OP Art，是 optical（光学）art 的简称，利用视觉残像原理，将几何学的抽象图形展现出远近感及运动感的美学潮流。

第五章

厨房探访

厨房位于爱丽舍宫的地下室。跟在卫兵后面，顺着迷宫一样的石梯往地下走，最后到达的地方是交错各种管线的地底通道。

在这个地底下其实还有一间核弹发射指令厅——“丘比特”。整个丘比特厅都以防核结构建造而成，20 世纪 70 年代中期德斯坦总统任内完工。虽然法国在 1996 年 1 月于南太平洋穆鲁罗阿环礁做了最后一次地下核爆实验，但并不表示就要完全放弃核武力。事实上，以电脑控管核爆的实验还在继续进行。从数字上来看，法国拥有的核弹头数量确实比美、俄少，但“独自发展核武防卫战略”的政策，却是从冷战结束以来贯彻不变的原则。

一旦核战爆发，法国面临存亡之际，总统可以在这个爱丽舍宫地下的指令厅直接对法军下达发射核弹反击的指令。丘比特厅正好就在总统宅邸的东馆地下，危急时，在深夜也可以直接从寝室通到指令厅。“搞不好眼前这条通往厨房的通道，在某一面墙后面就连着通往指令厅的小路也说不定。”我一面这样猜测，一面通过狭窄晦暗的走道，在领路的卫兵带领下，来到两扇合掩的大门前，推开门，明亮又宽敞的空间在眼前展开。

厨房占地约六百平方米，磨得闪闪发光的不锈钢流理台排成一列，煤气灶、微波炉有好多个，从天花板上吊挂下来各式各样的铜制锅子，各个年代不同大小不一，但是都反射着耀眼的光泽，恍惚间我以为自己置身于大饭店的厨房里。这里虽然是在地下，但角落仍然开了一扇窗，探出窗外一看才发现外面是一个透天的迷你中庭，柔和的阳光透过窗户洒进来，几乎让我忘了自己身在地下这回事。而这个厨房的正上方，就是鼎鼎大名的拿破仑三世厅。

为了了解厨师在飨宴当天如何安排工作位置，又是以怎样的流程进行烹调及上菜，我特别请求执行长达韦纳先生让我一探厨房的内幕。

但说实在的，当初在申请采访厨房的时候，我并没有自信会得到达韦纳先生的许可，因为这里是爱丽舍宫，和普通的餐厅可不同。平时就严禁闲杂人等进入，何况是个外国人，让我进厨房采访，对他们而言，真是冒了极大的风险。好好想一想，这个提供法国总统食物的厨房，确实是和整个国家安全有着密不可分的关系。

即使现在这个时代，在食物里下毒暗杀的手法已经有点脱离现实，但还是可以从总统的一些饮食习惯来推敲他的健康状况，加上从厨师那儿打探总统曾和谁私下会餐的秘密，国家的机密很可能就这么被窥探光了。除此之外，要是有心人想在外交关系上制造一点混乱的话，只要趁厨师们不注意，偷偷在欢迎宴的餐点中动些手脚，到时法国政府无疑要面临一场尴尬，在种种考量之下，达韦纳先生答应我的采访时，我真是乐坏了。

虽然只是一个爱丽舍宫的厨房，却紧系着国家的安全保障，从一个事件就可以看出它的重要性。北非某元首曾在密特朗执政时期以国宾之尊访问法国，为了做好事前的准备，双方事务官员先会面商谈。当时，北非代表开宗明义声明：在爱丽舍宫欢迎晚宴开始之前，本国元首的食物必须由亲信在厨房做测毒的试吃。他说："即使在国内，总统的三餐都少不了尝毒的措施。”

这位元首是众所周知的独裁者，出游的时候必定带着专用厨师，但就算是这样也还是少不了餐前尝毒。更何况在法国有反对这个国家的组织，为了防止暗杀事件发生，要求尝毒也在所难免，但这种行为说到底就是对爱丽舍宫的餐点不信任。法国方面对这项要求当然断然拒绝了。“爱丽舍宫的飨宴从来没有尝毒的惯例，我们的厨房也从不允许不相干的人进入，要知道，厨师们都是秉持着法国国家的威严和崇高的责任感来制作餐点的！”就这样一口回绝了对方的要求。

然而，爱丽舍宫的厨房真的做得到全面禁止外人进入吗？倒也不尽然。以色列总统赫佐格访法的时候，总统专用厨师就特准进厨房准备晚宴。因为宴会的来宾中，以赫佐格总统为首，同行代表团、法方的招待员都是虔诚的犹太教徒，根据犹太教义，教徒禁止食用带血的肉类，而乳制品也不得与肉一起烹煮，这些繁琐的细节都必须靠以色列的厨师们来确认。在餐前双方相关人员的会谈中，法方意外地接受了这项要求。虽然这么一来，法国厨师们的威信落得一个“case by case”的嘲讽，但基于对宗教的尊重，也只能这么做了。

我采访的当天，正逢拉脱维亚国家元首阿纳托利斯·戈布诺夫斯的午餐欢迎会。虽然才早上11点多，全体厨师已经在厨房隔壁的专用餐厅用餐，经过传达，厨师们都知道我的到访，其中一位厨师出来招呼我在主厨办公室里稍待一会儿。

主厨诺曼先生的办公室，是厨房角落分隔出来的一个小房间，墙壁上挂着“法国杰出专业奖”的奖状，颁发的时间是1982年。“法国杰出专业奖”(Meilleur Ouvrier de France) 简称MOF，是国家为了表彰各行各业的优秀技能者所设的奖，每年举行一次，得奖结果公布在各大媒体上。对于各行业的人才来说，获得MOF肯定是最高的荣誉，一旦得奖，一生的事业就稳稳当当了。算一算，诺曼先生得这个奖的时候才三十八岁，算是非常年轻的了。

“我从执行长那儿听说了，你要一探飨宴的后台内幕是吧？其实也没什么特别的，想知道什么就尽管问吧。”主厨回到办公室，一边说一边拉把椅子让我坐，这位首席厨师，虽然不像前任主厨卢瑟波先生一样顶着一个大肚子和红润脸颊，但在二十几个厨师中也算是肚子大的一位人物了。

诺曼先生生于1944年，故乡在巴黎郊外西南方五十公里左右的罗瓦尔省，包括父亲在内，亲戚里大多数都是厨师，自然他从小的志愿也是当一名厨师。中学毕业后，在当地餐厅当了三年学徒，然后转往其他两个餐厅工作，那时遇见一位来自英国的贵族非常欣赏他的手艺，问他要不要去他家当专任厨师，他当下接受了邀请，前往英国牛津的贵族公馆工作，两年半之间一直都为那些特定的上流阶级做菜，这其中的乐趣，是一般在餐厅里工作的厨师所不能体会的。

两年半的契约结束之后，他回到法国服兵役。但虽说是服兵役，实际上却没有拿过枪。因为在法国有一项替代制度，就是拥有专门技术的人，为了不让技术变得生疏，可以在兵役期间进入国家机构做与自己技术相关的工作。诺曼先生利用这项制度，进入位于法国中部的色当空军基地，在将校专用餐厅担任主厨的工作。而人生就是有这么多机缘巧合，基地里的将校们很欣赏诺曼先生的手艺，将他介绍进了爱丽舍宫。

他进爱丽舍宫的时间是1965年戴高乐总统执政的时代，比前主厨卢瑟波先生还要早，从最下层的工作开始做起，自从卢瑟波先生从总理官邸被请来做爱丽舍宫的主厨之后，他就被提拔为副主厨。到了现在，他成为唯一了解历任五位总统口味的人。

我问他历任总统各自对餐点应该都有不同的喜好吧，他说：“每个人口味当然不同，但有趣的是，他们全都对蛋的餐点情有独钟，真想不通为什么会这么巧。”然后，他跟我说了一个在戴高乐总统时代关于蛋的轶事。

那是招待伊朗国王的国宾晚会上发生的事。当时，餐会的餐点还是向高级餐厅订的，送到爱丽舍宫之后，热一下再上桌，而问题就从这里开始。伊朗代表团的成员临时多出两位，一直到了餐会开始的时候才发现，那时候的总统戴高乐一向实行俭约，订餐的数量刚刚好并没有备份，所以厨房只好快点想办法补救。前菜还好，利用厨房现有的材料敷衍过去了；但是，主菜乳鸽的部分就头大了，根本无法补救。只好做两人份的牛排充数。这两份临时补上的餐点，打算给全场席次排在最后的两位宾客将就一下，谁知道屋漏偏逢连夜雨，一个菜鸟侍者竟然弄错上菜的顺序，将排在最后的这份临时餐送上戴高乐总统的桌子，戴高乐总统看看眼前这份牛排餐，再比较周围，发现大家吃的都和自己不一样，于是叫站在一旁的仪典长靠过来，吩咐他“给我一份蛋包饭”。

“当时我端回那份牛排餐的时候，厨房里起了不小的骚动，主厨更是铁青着脸为总统做蛋包饭。”诺曼先生一边说一边忍不住笑出来，但是在那时，这可不是一件让人笑得出来的事。我问他事后总统有没有训大家，“被骂的只有仪典长一个人，我们厨师都没事。不过那次的差错真可说是空前绝后，有了那次的教训，以后订餐点都会多几份以备不时之需。”

在那个时候，厨师只有六个人，而现在，以主厨为首总共有二十个人的阵容，当然，全部都是法国人。常常会有外籍厨师希望在这里见习，但都被拒绝了，因为地道法国菜出自法国人手中，是爱丽舍宫里不变的原则。而二十个人中间，十个是正规聘雇的，其他十个是十个月短期的临时雇员，就像诺曼先生在年轻的时候就在爱丽舍宫担任临时雇员，来替代兵役制度。

虽然十个月中薪水很低，但是在爱丽舍宫里工作的经验绝对和一般餐厅里不同，更何况有了这个经历出去就像镀了一层金一样，所以法国各地年轻优秀的厨师寄来的申请书源源不绝。

“同样是十个月的劳动，在这里的经验可不是一般人随便就可以得到的。”采用与否还须经过诺曼先生的面试，对爱丽舍宫来说其实也有不少好处。“经过这十个月之后，这些年轻优秀的厨师回归自己工作的岗位，我脑子里就累积了更多遍布全国的优秀厨师资料，当这里缺人手的时候，随时可以找到聘雇的人才。”

谈着谈着，从办公室敞开的门外传来一阵阵香味，蒸锅里的东西煮滚了发出锅盖的撞击声。离午餐会开始的时间剩下不到一个小时，本来在休息的厨师们都开始工作了。

二十位厨师平常除了采购食材、制作餐点为几天后的餐宴提前准备之外，还要打点爱丽舍宫内上上下下数百人的午餐，而正规厨师中间还要选出一位总统的专任厨师，当没有餐宴的时候，负责总统夫妇的三餐，这个职责不是固定的，半年内十位正职厨师都轮得到，人选由主厨指定。为什么要轮流呢？主厨说，“为了避免明星厨师产生，何况特定一个人和总统私人的生活过从甚密也不太好。”

跟在诺曼先生后面往厨房里走，看到将近七位厨师站着工作，包括酱料组、烧烤组、前菜组及甜点组等等，各自分工合作，一点也不显得慌张。这天的宾客总共也不过三十人，和三百人的大型飨宴比起来实在是小巫见大巫，根本不用二十位厨师全部上场就可以应付了。

在爱丽舍宫里，厨师们分工合作的方式和一般的餐厅不同。在一般的餐厅里，酱料组是酱料组，烧烤组是烧烤组，工作划分的非常专业，彼此不会交替互换。而爱丽舍宫的厨房，只大概分成菜肴组和甜点组，其中菜肴组中又视当天状况分成酱料、烧烤、前菜等小组，大家都有机会轮替互换，这样一来，当有外宾来访不得不临时召开餐宴的时候，每位厨师都是全能的，可以应付任何状况。

爱丽舍宫的厨房还有一项了不起的地方，那就是19世纪留下来的贵重厨具，到现在仍然在使用着。大锅、蒸锅、强力锅等等一字排开，有两百多个，诺曼先生随手从架上拿下几个铜制蒸锅给我看，在缩写字母N上面还刻有一个王冠的标记，这是第二帝政时期拿破仑三世的王室徽章。仔细看，第二帝政时期的东西还不少，甚至还有七月王朝（1830—1847）时候打造的锅子。锅子很沉，外表反射着混沌的光泽。每天早上，资历较浅的厨师必须将前日使用过稍微洗了一下的锅子拿来磨光，同时每隔五六个月，还得将磨损的锅子送到巴黎市区的专门店去修补。

“从前的老道具其实非常实用，虽然重，但导热性高，保温能力又强，一旦使用过一次就爱不释手。”由这点看得出法国人爱惜物品的天性，同时也不得不佩服当时的师傅扎实的专业技艺。

诺曼先生有时候看见好的烹调道具也会买下来，并且刻上代表第五共和国的徽章RF（法兰西共和国的缩写），以便后来的人纪念。“我现在买的道具应该在换了两三代主厨之后才会用到吧，在那之前的，现有的就够用了。”

宴会当天的主厨，简直就像交响乐团的指挥，菜肴的烹调工作全交给下属的厨师，他一个人在众人当中穿梭，偶尔试试菜的味道，除非进度慢了，否则绝不亲自下厨，对主厨来说，真正重要的工作是最后的盛装上盘及装饰的步骤。

爱丽舍宫的飨宴上一律都用法式礼仪，也就是说，餐点不会按人数各盘分开，而是装在大盘中，由侍者端着游走在客人周围，客人再从大盘里挑选自己喜欢的菜到自己的盘子里。每当大盘从客人左侧展示出来的时候，整盘菜的摆饰就占了很重要的位置，胜负的关键就在于菜肴看起来会不会令人垂涎三尺。

法国大革命之后产生所谓的“布尔乔亚”新式菜肴，因为卡雷姆强调视觉的作风而得到了艺术的地位。而传承布尔乔亚精神的爱丽舍宫餐点，当然除了重视味觉享受之外，还要强调餐点的视觉效果。诺曼先生说：“摆得漂漂亮亮的餐点等于成功了百分之九十，相反，摆设很差的餐点即使味道再美，它的价值也会减半。”

每个餐宴的菜单经过总统的同意作最后决定，大约是在餐宴开始的前两周。一旦菜单内容定下来，诺曼先生就要开始搜集宾客国家相关的资料，包括国旗、国花、象征的纪念物、自然景致等等，全部都放在脑子里，接着，用色笔在素描纸上开始构思每道菜如何排列摆设，如何装饰。有的时候找不到好的灵感，也可能花掉好几张素描纸。最后完成纸上构图之后，在宴会当天，就以这张图指示其他厨师来摆设餐点。

根据诺曼先生的说法，装饰餐点的重点其实就是要充分利用蔬菜的色彩。因此事前充分考虑蔬菜颜色的调和是很重要的，配合这些色彩才能决定要加上什么装饰品，而关于装饰品，通常都是很自然地将主宾国家的国旗颜色融合进来，同时利用一些模型木签做出那个国家特殊的自然景观、象征性纪念物的造型。

下午 1 点，仪典长打电话进来通知与会的宾客都就位的信息。这一天的主宾客，在拉脱维亚政府代表团方面是最高议会主席阿纳托利斯·戈布诺夫斯，在法国方面则是从密特朗总统以下，包括贝雷戈瓦总理、外交部长杜马等一行人。菜单如以下所示：

餐　点

醋渍鲜贝，佐以养殖淡菜

小羊派饼

蒸蔬菜沙拉

乳酪

橘香奶油杏仁糖

~酒与香槟~

酒

默尔索酒庄（Chateau de Meursault）　1989年

（勃翠艾尔休酒厂）

歌碧酒庄（Chateau Croizet – Bages）　1982年

香槟

香槟伯爵（Comtes Champagne）　1986年　（泰廷爵酒厂）

拉脱维亚在1991年8月21日正式宣布独立。这次来访的议长虽然相当于国家元首，但是受到的却不是国宾待遇，而是次一等的公宾待遇，不但餐宴安排在中午，菜单也没有特别铺张，就是一些配合午餐气氛的简单餐点而已。

勃艮第生产的默尔索酒庄白葡萄酒，属于村名酒，并没有分等级。这是默尔索村一个大宅邸生产的酒，被著名酒商“勃翠艾尔休”买下权利再转售的。1989年份波尔多酒类的歌碧酒庄在分级上属于第五等，虽说是第五等酒，在波尔多众多酒种中也算是高级的了。再说，这瓶1982年生产的酒，在80年代中算是品质最优秀的，味道醇熟、劲道强而平衡感佳，正是打开来喝的时候。

虽然它与搭配前菜的白酒比起来算是略胜一筹，但真正称得上酒中珍品的，还是最后拿出来的香槟酒。然而与所有爱丽舍宫飨宴中的香槟比起来，这款酒还是比招待西方发达国家领袖的层次差了一点，对这个刚独立没多久的拉脱维亚小国来说刚刚好，不算高级得过分。

对拉脱维亚来说，面对一个利害关系完全相左的强国俄罗斯，无论在经济、安全考量上都积极寻求西方国家协助，因而想尽办法拉近关系，这一点是可以理解的，但是在法国方面，为了款待一个名不见经传的小国元首而伤了与俄罗斯之间的和气，也实在说不过去。因此与其作出刺激俄罗斯的举动，不如在菜单上斤斤计较，小心翼翼地设计餐宴内容。

厨房一角运送餐点的专用电梯将大盘装的前菜送上一楼，在这有宴会服务生等着，接了菜，再端往餐宴会场肖像厅。而厨房里也没有闲着，前菜送出去之后就接着准备主菜。厨师手脚利落，不浪费一点时间，负责烤乳羊的、负责切马铃薯红萝卜的、负责配酱料的……大家做好自己的本分，敏捷快速地进行着。

这时候，主厨诺曼先生只是在众厨师间走动，有时用铁签戳一下烤好的乳羊，确认火候透不透，或尝尝酱料味道对不对，然后，将切好花样的马铃薯和红萝卜拿来，准备开始盛装主菜，这才开始了主厨的重头戏——最后确认菜排在盘子上的样式，才是主厨最重要的责任。

若将爱丽舍宫的飨宴比喻为与时间的拉锯战也不为过。和客人悠悠闲闲享用餐点的情况比起来，厨房里的气氛完全不一样，这是因为爱丽舍宫里有个不成文的规定：餐宴时间只有55分钟。更精确一点，55分钟是从宾客一个个选取前菜开始算起，一直到甜点送出来为止。这个规矩从戴高乐总统时代就开始了，如前面曾经介绍过的，戴高乐总统讨厌长时间坐在餐桌旁，这是这个规定的最主要原因，但为什么不是一小时而是半吊子的55分钟？这就没人能理解了。

55分钟纯粹是餐宴的时间。虽然在国宾宴会时用餐前或结束的时候总会有总统致辞及来宾答礼，但这些时间都不包含在内。反观日本宫中的晚宴，演讲、音乐会加在一起总共要花三个小时。从这点看来，爱丽舍宫餐宴时间的确很紧凑。这之间的差别在于菜色的种类多寡，上一章提到日本宫中晚宴的前菜、主菜、甜点就各两道，光是这样算起来，菜色少一半的爱丽舍宫也难怪时间会比较短。

宴会厅里餐宴进行的状态，会通过内线电话通知厨房。“宾客们差不多用完前菜了”的信息一传入厨房，主菜的大盘子就准备端上专用电梯。“55 分钟的餐宴中，前菜与主菜送出去的恰当时机事先都要算好记在脑子里，之后一切都照着这个计划做就没问题了。”这是主厨诺曼先生长年累积的经验。

爱丽舍宫的餐点在任何书上都不曾记载，当然更不可能模仿食谱上的做法来制作，全都是爱丽舍宫里原创的。而且，因为规定对同一位主宾提供的菜绝不能重复，厨房里必须常常想出新点子才行。这也是没有餐宴时主厨最重要的工作。举个例子来说，密特朗总统时代，拜访爱丽舍宫最频繁的要算是德国前总理科尔了，一年之中将近有五到六次在爱丽舍宫用餐的机会，每次餐点的内容当然是完全不一样的。

“没事就到各式各样的餐厅去逛逛，一边尝尝餐点一边也学习，当然，我们不可能模仿那些菜的做法，但是好餐厅常常可以给我创新的灵感。”

诺曼先生脑子里有了好主意，马上就实际操作一番，然后让全体厨师试吃。“一种新的餐点成功之前，大概会有三四种试验的作品让大家试吃，直到每个人都满意为止，确定之后做出食谱并为新餐点命名。”

诺曼先生从 1984 年成为主厨以来，创作出来的新食谱已累积成一大沓，其中还包括从前的主厨创作的餐点经由改良成为诺曼风格的新作品。

最后一道甜点“橘香奶油杏仁糖”送出去之后，厨房里总算松了一口气，只有角落的流理台边，年轻的厨师们还在努力刷着用过的锅铲用具。

我找了一个手头空闲的厨师，问他在爱丽舍宫厨房工作的感想，他面有难色地看了看主厨。“没关系。”诺曼先生及时补了一句。由此可见，爱丽舍宫的厨师都曾经受到严重警告，不准将厨房里的事随便对外人透露。

二十出头的年轻厨师马可·比尔曼在靠近德国边境的阿尔萨斯一间有名的餐厅“欧贝珠·李尔”（L’Auberge de L’ill）工作，因为兵役替代制度而来到爱丽舍宫。值得一提的是这间“欧贝珠·李尔”餐厅，不但将浓郁的阿尔萨斯传统餐点香味保存下来，同时还提供精致高水准的创新口味，二十多年来一直维持三颗星的评鉴成绩。

从名气这么大的餐厅来，还有什么可以学习的吗？

“当然。到这里来之后一直都在学习。例如一次做一两百人份的餐点，无论装多少个大盘子，每个都要一模一样。还有用餐时间限制在55分钟之内，所以一定要熟悉前菜到甜点之间的各项手续。这些都是在爱丽舍宫的厨房里才学得到的。”

为总统做菜一定感觉很特别吧？

“其实也没什么特别的，要说和餐厅有什么不同的话，就是我们在制作餐点的时候，还得想象用餐者的样子。事前主厨都会说明将要举行的餐会是怎样的形式，主宾来自什么国家，要招待的宾客们又是怎样的性格等等。在一般餐厅的话，我们根本不用管点菜的客人到底是怎样的人。”

回到原来的餐厅之后，要将这里学到的什么带回去？

“其实在这里学到的东西并不适合应用在普通的餐厅里，只是，厨师是一种随时随地保持创意及想象力的职业，在这里见过各式各样的工作方式，开阔了视野，对将来一定很有帮助吧。”

这句话对我来说也非常贴切。一般说来，一国元首的厨房不是随随便便让人参观的，我这次的体验真是充满刺激。

从主厨那边打听到一位曾经在爱丽舍宫工作过的厨师，现在他在法国南部靠近西班牙的故乡开了一家蛋糕店。我后来找了个机会去拜访他。

他叫做弗雷德里克·波米耶，1965 年生于比亚里兹，中学时代就入了厨师这行。从 1986 年 1 月起共十个月间，他利用兵役替代制度进爱丽舍宫的厨房工作，之后在南法一家三颗星的餐厅工作了好多年。1992 年 9 月他回到故乡比亚里兹，以自己的名字“波米耶”开了一家蛋糕店，太太负责招待客人，自己在厨房里做蛋糕，就这样小本经营地维持下去。虽然常常接到诺曼先生来电：“最近还好吗？想回来的话随时都欢迎喔。”但实际上，他根本不打算离开故乡。

波米耶先生对爱丽舍宫厨房的看法是这样的：“主厨诺曼先生常挂在嘴边的一句口头禅是‘我们要展现法国菜的精华给世人看’。白宫或白金汉宫里偶尔也会以法国菜来招待宾客，但是，在种种做法和细节上我们绝对要凸显爱丽舍宫和他们的不同。不但材料选取最新鲜的，在预算上也毫无限制。像这样的做法，在一般的餐厅中是想都不敢想的奢侈行为。我在爱丽舍宫中最大的收获，餐点制作的方法倒还其次，最重要是学到做餐点的艺术。”

我顺便买了一些波米耶先生的蛋糕，尝一尝觉得有一种非常醇厚洗练的味道，似乎和爱丽舍宫的甜点有异曲同工之妙。一个距离巴黎这么远的乡下地方，竟然也有这么精致的店，实在不得不让人佩服法国饮食文化的精深博大。

而这次采访最令我惊讶的是，爱丽舍宫的飨宴在预算上竟然是没有限制的。关于这点，回到巴黎的时候又向诺曼先生确认了一次。“正因为这样，我们最禁忌的是无端浪费，对所有厨师都会要求，餐宴里用不完的材料一定不可丢掉，可以用在别的餐宴上。”

就像主厨所说的，在爱丽舍宫里绝不能漫无目的地任意浪费，但是另一方面，厨师也确实有一项特权，那就是不必为预算头痛，只要有必要，可以向进出爱丽舍宫的业者自由地买最高级新鲜的材料。这一点，也解释了为什么有这么多用兵役替代制度进入爱丽舍宫厨房的临时雇员。

说到这里有些跑题了，但还是来看看爱丽舍宫的预算问题吧。根据1991年法国会计检察院的报告，“总统府预算”约1700万法郎。仔细分项统计，宫厅支出700万法郎，人事费500万法郎，外出费300万法郎。但一般看到的都是表象数字而已，实际在会计检查报告上还有未记在爱丽舍宫头上的一笔庞大金额。以总统的外出费为例，旅费和总统在别的国家召开的飨宴费用等等，实际上都是由外交部出钱。这就是外交部预算项目中的“特别支出”。还有，在总统外出时，随团的法国代表与本国通信的支出，也都算在邮政部的预算之中。其他还有爱丽舍宫修建的工程费、内部装潢更新等的支出，都由文化部来承担，而费用支出的根据，就是来自文化部预算中“历史遗产维护修建费”这一项。

爱丽舍宫的人事，除了政务部门的幕僚、秘书之外，还有一般职员、警备部门等等，合计超过750人。这些人员的薪水实际上都是由他们本身附属的单位来支付的。例如警备部门中，警察是由内政部来支付的，宪兵和仪队是由国防部来支付的。又例如幕僚等政务官员，是由外交部、财政部、教育部等等单位支付薪水。这样一来，爱丽舍宫中所谓的人事费用，其实只是支付给不属于任何部门的执行长和他底下带领的执事，以及厨房里工作的厨师而已。

爱丽舍宫像这样以各种形式消化款项，实际上到底支出了多少钱，谁都不清楚。除了会计检察院例常的统计已经公开发表之外，各个部会花在爱丽舍宫上的钱却从来都不曾公布。根据猜测，实际上爱丽舍宫的预算要比公布的金额多上十五倍，也就是说，1991 年的花费高达两亿五千五百万法郎。

在法国，元首的支出一直都是个微妙的政治问题。著名的法国大革命，就是国王奢侈成性、滥用国库而引起的。因为有这样的历史背景，法国人天生就对元首的理财手腕特别敏感。为了防止总统养成奢侈浪费的习惯，在第三共和时期，总统提出的总统府预算往往被议会一删再删。坊间流传一个笑话：爱丽舍宫就算沙发破洞了、地毯撕烂了，总统还是会卖了马车的马来保全气派的门面。“二战”后像这种好面子的现象应该是不再存在了，但是偶尔在野党或媒体还是会喊出爱丽舍宫预算透明化的口号。

采访期间，我听说诺曼先生一次也没尝过日本料理，于是爱丽舍宫餐宴的采访告一段落之后，我就招待他到巴黎的日本料理店吃了一顿。原以为他对记者的邀请有所忌讳，没想到他很爽快地就答应了。老板在巴黎可是数一数二的日本料理师傅，他亲自为我们准备料理。“我带来了一位从没有尝过日本料理的法国人，请你露一手，准备上好的料理。”我对老板说，并点了一道怀石料理。

那天晚上，松茸、芋头、银杏、莲藕等等从日本空运来的材料制作的怀石料理，让诺曼先生吃得津津有味。他对一盘接一盘送上来的料理不断感叹：“像这样感觉得到季节的装饰方法真有东方风味，伸手去夹都觉得可惜。”我问他味道如何，“味道真是纤细精致，难怪人家说法国新餐点受到日本料理的影响，我现在终于明白了。”最初诺曼先生还试着用筷子夹菜，但是实在不顺手，中途就改用刀叉了。偶尔，为了确定用的是什么材料，还切开料理仔细研究里头的东西。“这种香菇是日本产的吗?”他问起松茸。“是啊，对日本人来说，这种香菇就像法国的松露一样珍贵。”我这么说明，只见他“噢”的一声大口咬下去。

主厨出门通常都是带着手机的，因为常有外国特使突然来访，必须临时准备餐宴，不在宫里的时候，可以随时用手机联络。

法国作为联合国常任理事国的一员，对国际情势有极大的影响力，在局势紧张的时期中，外国特使往来频繁。据我所知，在海湾战争对伊拉克动武之前，爱丽舍宫的厨房就因为各国特使的到访而忙得不可开交。由此可见爱丽舍宫厨房的紧张程度也反映了国际的局势。“最近什么时候被紧急召唤过?”我问。他马上坚决地回答：“关于总统的秘密我是绝不会泄露的，这也是我能在爱丽舍宫一待三十年的原因。”

除了紧急召唤这件事之外，诺曼先生对食物中毒的话题也非常敏感。我无意间说了一句“万一发生食物中毒的事件麻烦就大了吧”，“这可不是一件可以开玩笑的事。”他马上变得严肃起来。“我对其他厨师们唯一唠叨叮嘱的就只有注意食物中毒这件事，万一真的发生食物中毒，不但没资格再负责总统的餐饮，如果发生在招待外宾的餐宴上，还会引发严重的外交问题。我自己早就对这种事作好心理准备：一旦发生，只有引咎辞职。”实际上，他在梦里常常被食物中毒的恐惧纠缠着。

当怀石料理全部都吃完之后，我问他觉得哪一种最美味。考虑了好久，最后终于举出秋刀鱼的握寿司最好：“听起来或许有点可笑，但我觉得醋和秋刀鱼的味道真合，比醋渍鱼还要高级的感觉。还有大概因为米醋和米饭的味道比较能够融和，要是用了葡萄做的醋可能就没这么够味了吧。”不愧是第一首府的主厨，他仔细分析了一番。我或许是得意过头了，不假思索就顺水推舟说：“那这道菜能不能当作爱丽舍宫的餐点之一呢?”“我是很想试试，但是万一发生食物中毒……”我们俩都笑了。

第六章

五十年后的拔栓

1994年6月7日，为了欢迎初次访问法国的美国总统克林顿，在爱丽舍宫举行了一场盛大的国宾晚宴。晚宴开始之前，所有人聚集在会场隔壁的“缪拉厅”举行介绍仪式，将近两百五十位来宾一一介绍给两国总统认识，前后总共要花四十分钟。

晚宴酒类的负责人纪尧姆先生在另一间准备室中开了第一瓶香槟。待会儿在晚宴开场时，密特朗总统会先致辞表示欢迎，接着是克林顿总统的答谢演说，然后，所有与会的来宾起立举香槟酒干杯，餐宴才真正开始。为了这个仪式，纪尧姆先生必须先做好准备，隔壁司仪正一位一位喊着来宾的名字，要他们走上前和总统握手，宏亮的声音听得清清楚楚。

就在一瞬间，纪尧姆先生的心惊了一下。第一瓶拔栓开瓶的香槟，倒一点含在口里来试喝，感觉到发泡的爽口中存着一种本来不应该有的特殊苦味。不放心又开了几瓶来试试，仍然感觉到同样的苦味。酒是1985年产的“于那神父粉红香槟”。

香槟分成两种，一是全部用丰收年生产的葡萄酿造的高级酒，一是掺杂了其他年份产的葡萄作的酒，等级较低。1985年正是葡萄盛产的一年，因此晚宴中用的香槟是纯粹采用当年产葡萄制造的高级品。本来应该是果香满溢、入口柔顺、非常优秀的香槟才对，而且几天前拿来的样品试喝时也是既香醇又润口的，怎么也没想到眼前的香槟竟然出了状况！虽然爱丽舍宫的酒窖中还保存一些香槟，但在短时间之内要换掉八十瓶根本是不可能的。

这次的晚宴不但是最高层人物出席的国宾宴会，同时也是身为西方盟主的美国总统第一次访法的晚餐，无论如何都不能有丝毫差错，没想到就在这个节骨眼儿上发现香槟有瑕疵。没办法，硬着头皮继续下去吧，纪尧姆先生做了最后的决定。

“当时虽然二话不说下了决定，实际上在宴会结束之前我紧张得心脏都快要停了。抱怨声倒是没有，不知道是没人注意到香槟的瑕疵，还是注意到了却不说，真希望是没人注意。”

第二天，纪尧姆先生把酒商找来，当场开了一瓶剩下的香槟来试喝，没错，在舌头上仍然有一丝异样的苦味残存着。仔细研究一下，香槟的颜色、泡泡都没问题，瓶栓也没有臭味，应该是制造过程中发酵槽出了问题。纪尧姆先生严厉地说：“下次再发生这种事，后果不堪设想。”酒商自知理亏，只有不断道歉才了事。

纪尧姆先生的职位是执事，办公室就在执行长的隔壁。从面对前庭的门走进去，先看到的是秘书室，而秘书室左右两边各有一扇门，右边进去是上司执行长的房间，左边就是纪尧姆先生的办公室。

因为采访的缘故，我造访纪尧姆先生的办公室好多次了。他的桌上总是有一叠一叠葡萄酒商寄来的账单，书架上更是摆了整排关于酒的书。初次见面的时候，他看了我的名片便露出和蔼的笑容。“说起来还真巧，我的侄子现在在大学的日语系念书呢。”

纪尧姆先生 1954 年生于法国西部一个叫做诺曼底的小村庄。中学一毕业，就前往大西洋岸边的城市卢布尔，进入当地一所属于海军的

“旅馆学校”就读。他在这所学校读了五年，将这一行该有的窍门都学得彻彻底底。在学期间，他利用实习的机会登上航行于大西洋航路上的“法兰西号”客船，在餐厅里担任侍者的职务，除此之外，还曾在巴黎一间以鸭肉餐点出名的“银塔”餐厅担任品酒师。学校毕业后，利用兵役替代制度，他在海军基地的餐厅当了一年的侍者。

兵役结束，他回到出生地诺曼底的餐厅工作，没多久就觉得乏味，于是1978年再回到海军，成为职业军人。为了吸取经验，辗转任职于地中海岸的土伦、大西洋岸的罗斯福海军基地。在这段时间内，他参加国家考试，拿到了服务业最高等的高级技术执照。也许就是因为肯定他的努力，1979年上司试探性地问他：“爱丽舍宫正在找一个总统贴身的侍者，你要不要试试看?”就这样，两年前还在乡下餐厅工作的服务生，一下子进到权力中枢爱丽舍宫。

当时，爱丽舍宫的主人是德斯坦总统，而纪尧姆的顶头上司是执行长埃内坎先生。纪尧姆以执事这个职位，开始了在爱丽舍宫的工作，专门处理总统身边的杂务，总统夫妇房间的安全确认，总统交代要买的东西，传达给朋友的信息，等等，杂七杂八数不清的工作要做。

1981年5月，爱丽舍宫易主，密特朗总统上任，纪尧姆也跟着调动到厨房担任选酒师。那时爱丽舍宫掌管酒类的是一位女性，纪尧姆只是她的下属。这次调动，除了遵守“一人不事两主”的惯例之外，最主要还是希望纪尧姆能彻底地磨磨酒品的功力，让他成为品酒专家。

当时爱丽舍宫的酒窖为总统私人所有，收藏的酒随总统个人的喜好而改变。宴会的时候才临时向酒商购买，并没有长期购入收藏的策略。而且，每位总统离任的时候都将酒全数带走，酒窖里的收藏又得从零开始。1985年至1995年的十年之间，在密特朗总统之下任职的执行长达韦纳先生曾发表他的看法：

“爱丽舍宫的餐点是在前任主厨卢瑟波先生的努力下才打响名声

的，然而当时搭配菜色的酒，却只能依照总统个人的癖好来选购，不但偏向特定的厂牌，在种类上也无法达到多样均衡。存货不足的时候，任凭酒商索价才能买齐所需数量，而遇到两百人以上的大型晚宴，常常缺货，最后不得不拿其他酒来凑数。建立一份配合餐点口感的酒类清单，实在是爱丽舍宫一个长期努力的课题。”

这语重心长的感慨真正得以落实是从1985年达韦纳先生就任爱丽舍宫的职务开始。他向密特朗总统建议：“为了能收藏各个产地生产的、种类多样化的酒，长期性购入收藏的策略是必需的。”

这个想法得到总统认同，于是酒窖由总统私人所有转变成爱丽舍宫所有，同时将购买酒的预算都编列好了。同一年，原来的酒类负责人辞职，于是由纪尧姆先生接任她的职务。

为了建构均衡而多样的酒类名单，达韦纳先生和纪尧姆先生采取以下策略：一方面像往常一样买进成熟的酒随时可以饮用，另一方面将眼光放远，也买进未熟的酒。这些未成熟的酒暂时还不适合饮用，放进爱丽舍宫的酒窖里等到熟成之后再开瓶饮用。这样做有很多好处，不但可以用低价买到品质很好的酒，同时在酒价抬高的时候，也不必非买不可。例如1991年，纪尧姆先生就没有买波尔多酒，因为这一年酒的品质不好，但因为泡沫经济价位高得不像话。

然而美中不足的是，位于厨房旁边的酒窖实在很狭窄，虽然面积有上百平方米，但是每年千瓶以上未熟的酒被买进来囤积，空间实在不足。为了将这些酒长期摆放到成熟为止，实在需要一个大一点的地窖。纪尧姆先生花了好大的精神到处查探，最后终于找到一个位于艾菲尔铁塔附近、塞纳河岸一个叫做布兰利的地方，这里有一个爱丽舍宫所属的地下仓库。室温稍微高于14度，对于葡萄酒熟成的过程并没有太大的障碍，宽度是爱丽舍宫酒窖的三倍有余，未熟的酒可以放在这里十年、二十年慢慢地发酵，等到快要可以喝的时候再移到爱丽舍宫的酒窖里就可以了。

另一方面，香槟却循着传统沿袭下来的方法来采购，因为香槟并不适合在酒窖里长期保存。通常一决定宴会里要用的香槟厂牌，纪尧姆先生就立刻找酒商商谈，试饮一次酒商提供的样品之后当下订货。有的时候遇上连续的宴会，干脆一次大量买进，但是考虑数年之后的宴会而有计划性地买进香槟则是不可能的事。原因在于，香槟的性质与葡萄酒有大大的不同。

葡萄酒是从酒槽装入酒瓶之后，在瓶中慢慢发酵成熟，所以，优良的酒要长期储存（当然在限度之内）比较好。相对地，香槟的制造过程中，最后一道程序“清除杂质沉淀”[①]完成后，熟成的过程也跟着停止了，因此无论储存多久都不会像葡萄酒一样有变化，反而早一点开瓶来喝比较美味。因此香槟酒通常都是衡量宴会的需要来买。

那么，宴会中究竟要选择哪种等级的葡萄酒和香槟？选择的方法准则究竟如何？

“国宾宴会与公宾宴会中拿出来的酒当然不同。通常国宴中提供的葡萄酒，都是经过长期发酵成熟醇厚的种类，而纯粹以商谈协议为中心的公宾宴会则提供味道轻一点的葡萄酒。特别是会谈、协议等场合，要尽量避免后劲强、喝了之后完全放松动都不想动的酒。招待公宾时和国宴不同，宴会永远都只是一个辅助的角色，豪华的葡萄酒和香槟就尽量避免拿出来。”

纪尧姆先生的这段话说明的不过是一般的状况，还要看来宾和法国的关系，例如同样一个招待公宾的宴会，如果对方是法国的同盟，或是首长与法国高层的关系密切的话，拿出来的酒和香槟又会是不一样的等级了。像这样，将宴会分级、排序、显示高低差异，全都只要利用酒和香槟的等级来做区隔就可以了。

酒和香槟的品质，一定都有客观的标准来评价和分级。只要看到酒瓶上的标签，马上可以知道它的产地和等级，因为每个地方都有公定的分级制度。而一旦知道酒的出产年份，就能分辨是不是丰收那一年，自然知道这瓶酒到底是不是好酒。

香槟的分级和酒有一点不同，因为依照地势不同，每个酒厂的个性会完全反映在香槟味道上。但是只要每瓶香槟标明葡萄生产制造的年份，等级自然就分辨出来了，因为从这里看得出来香槟全部是由同一等级的葡萄制造的，还是因产量不足混了其他等级的葡萄制造而成的，这个差别大大影响香槟的等级。

然而，酒或香槟的等级并不一定与它的味道成正比。一般来讲，等级高的酒味道比较芳香，口感醇厚。但是土壤、收获时的气候、葡萄的品质及保存的状况，都会左右酒的味道，有时变化大到影响酒的等级。等级高的酒喝起来味道实在不怎么样的状况偶尔会发生，但是，原本不怎么样的酒，因为保存得好而变身成为高级酒的例子则几乎没见过。正因为如此，有些人在选酒的时候出现了这样的标准：价格便宜、味道好的话，产地、等级就不必坚持了。

只是，像这种个人式的选酒标准在爱丽舍宫是不可能被采用的，因为任何一个国宾或公宾宴会上，拿出一个“味道好但是等级低”的酒，一定引起轩然大波。

爱丽舍宫的飨宴，不但菜单要依照宾客的政治地位来分级，酒和香槟当然也要选对等级，不用说，香味、口感等等也必须与等级相符。爱丽舍宫的飨宴事实上是一场政治较劲，从斤斤计较酒和香槟等级这一点上就可以看得一清二楚。

菜单上列出来的酒有基本的规则，通常搭配前菜的是白酒，搭配主菜则用红酒。当然，无论红酒或白酒都是法国产的，不可能用外国酒。白酒有的时候会选择熟度较低的，而红酒原则上绝对是十年以上的纯熟酒，关于这一点，纪尧姆先生的解释是：

"熟度低的红酒当中，西班牙产或是加州产的酒，有一些品质还不错，可以和法国酒一较高下，但是真的想要尝尝香醇而有魅力的法国酒，非要十年以上的酒才表现得出来。"

一般说来，白酒不用摆太久，存放几年就到了品质的巅峰，非打开来喝不可，虽然也有例外，像波尔多索甸地方就有一种珍贵的白酒，收藏几十年越放越香醇。而红酒，特别是含单宁酸多的波尔多红酒，存放的时间越久，口感就越滑顺，香味也越丰富，红酒的精致质感经过十年、二十年甚至四十年、五十年，一点一滴释放出来。甚至可以说，红酒的香醇，其实是岁月的累积。这个特点，无论你投下多少金钱、研发多先进的技术，都没办法在一朝一夕之间得到。

如果真想要一瓶好的红酒，要不就自己制造，然后等待年月慢慢累积，要不，直接向法国购买，这就是日本宫廷在招待各国元首的宴会上，总是拿出法国酒的原因。这些镌刻着岁月年轮的酒，实在是法国傲视世界的财产。

1994 年 6 月，日本天皇、皇后陛下以国宾身份出访美国，当时白宫主办的宴会菜单如下：

～餐 点～

烤鹌鹑胸肉，佐以玉米奶蛋糊与烤青菜，淋番茄茴香酱汁

熏烤北海鲑鱼和龙虾肉肠

生菇烩饭佐以炖青菜，淋大蒜和朗姆酱汁

～酒与发泡酒～

酒

霞多丽·沙丘（Chardonnay Sandhill） 1992 年

（奇士勒[Kistler]酒厂）

黑皮诺·奥勒冈　1992 年　（杜鲁安[Domaine Drouhin]酒厂）

发泡酒[②]

白宫特级微甜酒（Whitehouse Cuvee Extra Dry）

（勒德雷尔·艾斯特[Roederer Estate]酒厂）

就在这个宴会开始的几个月前，原本担任白宫大厨的法国厨师皮埃尔·夏勃朗先生被解雇了，继任主厨职位的是美国人瓦特·谢夫。听说希拉里夫人几次要求夏勃朗先生餐点中减少脂肪分量，但他总是不听，所以才被解雇的。而这次招待天皇、皇后的盛宴，就成了谢夫先生第一次发挥餐点功力的国宾晚宴。

从菜单中，可以发现有两个地方和以往非常不同。第一，像鹌鹑、龙虾这一类低脂肪、低卡路里的食材，佐以大量的蔬菜做成前菜、主菜、乳酪等餐点是前所未有的。与其说是美食，倒不如说是健康食品，看得出受希拉里夫人的意见影响很大。第二，无论是菜色或饮料方面都是纯美式风格。根据谢夫先生的形容，这次菜单要展现的是"美国典型的地方菜肴"，跟以往以法国菜为中心的白宫飨宴比起来，这次真是一百八十度的大转变。

更引人注目的是酒的选择。与前菜搭配的霞多丽·沙丘是加州产的白酒，与主菜搭配的黑皮诺·奥勒冈则是西北海岸奥勒冈州产的红酒。而与甜点搭配、口味较辛辣的发泡酒是用加州产的葡萄制造而成，这种酒的制造厂商，原来是法国制造香槟的专家，于 1986 年买下 580 亩葡萄农地开始在美国制酒，从它标签上的标识"白宫专用"可以看出，这是白宫筵席专用的酒，一年才生产两百箱（每箱十二瓶）。

美国制酒的历史很短，许多法国的酒商看好加州优渥的自然条件，在当地设立酒厂，引进造酒技术在美国生产，像搭配主菜的红酒厂商杜鲁安，是法国勃艮第地区酒厂的子公司，1988 年开始以奥勒冈州为据点生产美国红酒。

招待天皇、皇后的晚宴中提供的红酒和白酒，都是不超过两年的熟前酒，入口残留着浓郁的果香，味道还很新鲜。酒商说：“虽然现在喝起来感觉就不错，但是放个十年之后，味道会更浓郁深刻。”但是话说回来，要比成熟香醇的话，实在比不上法国酒。为了避免造成低人一等的印象，故意选择了年份较浅的酒，从这里可以感觉得到克林顿总统夫妇的自负：再怎么样，白宫的筵席上该出现的都是美国菜和美国酒，除此之外别无选择。

希拉里夫人曾在 1996 年 2 月寄给奥勒冈州的杜鲁安酒厂一封信，上面说：

> 黑皮诺 · 奥勒冈 1994 年这款酒，曾用在白宫招待荷兰首相的午宴以及欢迎希拉克总统夫妇的国宾宴上，为我们增添光彩，能够享受奥勒冈酒这样上等的质感，真是我们的荣幸。
>
> 随信附上筵席当时的照片及菜单，同时，也非常期待今后在白宫举行的各种活动中再度品尝到贵酒厂的奥勒冈酒。
>
> 希拉里 · 罗德姆 · 克林顿

不仅对天皇、皇后，连精通酒的法国总统，白宫都一律以美国酒来招待。虽然美国酒并没有法国酒那种经年累月的厚重感，但是却有一股新鲜的魅力，国宴上仍然是招待贵宾的唯一选择。以历史传统自豪的法国与建国历史尚浅的美国之间有多么不同，完全反映在他们各自生产的酒的味道中。

话题再拉回爱丽舍宫。

对选酒师纪尧姆先生来说，人数少的小型餐宴还算好应付，要是遇上国宾晚宴当天，一定忙得不可开交。因为他要将两百瓶以上的葡萄酒和香槟最美的一面，在宴会上毫无差池地呈现给贵宾们。以白酒的状况来说，维持在酒窖里的温度是最适合饮用的，所以往往要等到即将上桌才从酒窖中拿出来。另一方面，红酒最好先从酒窖里取出来适应室温，等适当的时机再开瓶栓送上桌，红酒一跟空气接触、混合，沉睡已久的香气和味道被唤醒，就会像花蕾绽放般地不断释放出来，到送上餐桌的时候，香气和味道达到最高潮、最浓烈的状态才算成功。

偏偏决定为一瓶酒拔栓的时间是最困难的，除了依据酒的种类年份来决定之外，主要还是要仰赖纪尧姆先生的经验。一瓶放置十年以上的老酒，如果味道不够强劲，会随着拔栓之后时间的增加，渐渐丧失香气，产生变化，等到要喝的时候已经乏味不堪，就像花褪色凋萎一般，显得虚弱无力。相反地，味道强劲的酒一旦和空气接触，香气会不断地绽放，一直到注入酒杯里还是强而浓郁。

像后者这样的酒，最好从原来的酒瓶中倒出来另外装入玻璃容器当中。这么做，一方面是为了滤掉瓶底的沉淀物，一方面还是为了让酒与空气充分混合，引诱香气和味道不断地释放出来。问题是万一遇上像前者一般持久力不够的酒，太早开瓶让香味尽失的话，就再也没有挽回的余地了。因此，纪尧姆先生一旦遇到没有把握的状况，总是在宴会开始前几天就先开一瓶酒来试饮，经过自己的舌头来确认酒的强度、持久性，然后再慎重地决定宴会当天开瓶拔栓的时间。

但话说回来，如果酒必须在餐宴开始前拔栓，那么事先要怎么计算开瓶的数量呢？

“红、白酒基本上都是每三人一瓶来计算，但是考虑到宾客们有时差上的问题，加上在爱丽舍宫的飨宴上难免显得较紧张，而用餐时间又规定只有55分钟，实在不能像在餐厅里用餐一般从容，所以我觉得四人一瓶这样的计算法比较适当，不过，为了预防特殊状况发生，开瓶的数量通常还是估计得比较松。”例如，两百五十人的大型筵席，通常白酒、红酒、香槟都各开80瓶。平均每人可以喝到两杯白酒、两杯红酒。纪尧姆先生之所以不坚持以四人一瓶的计算方式来预估开瓶数，是因为一次让人冒冷汗的惊险经验。

那次是一场欢迎某个国家元首的国宾晚宴。纪尧姆先生像往常一样站在宴会大厅的一角，观察宴会进行的过程。突然，坐在后方席位上的法国宾客，经由认识的人暗示纪尧姆先生有事相谈，纪尧姆先生赶紧上前，对方小声地说："你尝尝这酒，是不是有点怪?"纪尧姆让侍者把出了问题的酒拿下来，到另一间去尝一尝味道，口中的酒竟然释出明显的臭味。

通常，纪尧姆在宴会开始前一定亲自确认每一瓶拔栓过的酒，这次却因为太忙，时间紧迫而忽略了几瓶，这么巧，其中一瓶受到细菌污染整个都腐坏了。幸好这出了问题的酒是供给坐在末座的宾客，纪尧姆先生马上命令侍者换掉受污染的酒和杯子。"要是当时那瓶出了问题的酒刚好给总统或主宾喝到了，后果真不敢想象，自从那次事件之后，再怎么忙，我都必定要一一确认送上筵席的酒。"

宴会举行当中，纪尧姆先生一直站在大厅的角落，除了监督酒、香槟供应的过程，避免发生任何意外，同时还要负责调整供应酒的节奏。

爱丽舍宫的筵席当中，每位宾客面前都会放置四个玻璃杯，一杯是装矿泉水，其他三个分别是为了装白酒、红酒和香槟而准备的。如果主宾是来自回教国家、有喝酒的顾虑的话，会再加一个杯子装柳橙汁，而葡萄酒和香槟无论喝不喝都还是照常供应。除此之外，白酒本来是为了搭配前菜，但有些客人在主菜上桌之后还是继续要求供应白酒时，当然也不能拒绝，有时候因为这样而发生数量不足的情形，这时，纪尧姆先生就会在一旁指示侍者放慢供酒的速度，或减少倒进杯子里的量。

法国总统离开巴黎、在其他地方举行宴会的机会也不少，特别是像英国、德国的首长们常常来访，总会希望换个气氛，在首都之外的城市或乡间举办筵席，这时候爱丽舍宫的厨师并不会随行，而是交由地方著名的饭店或餐厅主厨来主办。当然，事前菜单的提案程序还是免不了，最后仍然由总统来决定。但是酒和香槟方面，一直都是纪尧姆先生亲自负责。遇到纪念性的飨宴，纪尧姆先生更要负责寻找跟事件相关的酒和香槟。

1994 年 6 月 6 日，法国西部的诺曼底海岸举行了诺曼底登陆五十周年纪念。长达 75 公里的海岸边，还残留着当时德军阻止联合部队上岸的障碍堤。当时由美、英、加、法四国组成的联合军人数约 15.6 万人，死伤人数多达 11 万人，其中有 6 万以上是美国人，原因是美军进攻的海岸线是当中最险峻、断崖绝壁连绵的奥马哈海岸及犹他海岸。

典礼在奥马哈海岸举行，观礼行列中包括典礼主席法国总统密特朗、美国总统克林顿、英国女王伊丽莎白二世、英国首相梅杰、加拿大总理克雷蒂安，除了这些联合军的成员国之外，还包括了当时在伦敦组成流亡政府、支持联合军的波兰总统瓦文萨、捷克的哈维尔总统、斯洛伐克的科瓦奇总统等等。

同时，许多当时参加战役的老兵也受邀参加典礼，在这些年逾七十的战士前，1946 年出生、年轻的克林顿总统迎着海风发表演说："在你们还年轻的时候，就拯救了这个世界，要不是有你们的牺牲，今天我们就没有机会站在这里，在这里聚会……"

典礼完毕后，由密特朗夫妇主持的午宴开始。飨宴的会场位于诺曼底的中心都市柯恩市政府大厅，这里在诺曼底战役激烈的交战中一度成为废墟，战后才又重建成新兴的都市。

当时飨宴的菜单是这样的：

～餐　点～

诺曼底鹅肝酱，佐以糖渍杏仁

烧烤海边小羊背肉

香草沙拉

苹果大餐

～酒与香槟～

酒

伊甘酒庄　1944 年

奥比昂酒庄　1945 年

香槟

波美利　大瓶装　1945 年　（波美利酒厂）

诺曼底物产富饶，在法国是首屈一指的美食胜地。而由爱丽舍宫授权负责这次午宴的主厨米夏埃尔·布吕诺先生是柯恩市“布利多”餐厅的大厨。这家餐厅曾经在 1996 年被米其林美食指南赋予两颗星的评价。

负责这次充满纪念性质午宴的布吕诺先生强调：包括甜点在内，这次所有的菜色都是采用诺曼底当地的食材做成。其中主菜用的羔羊，饲养在诺曼底海边的牧场，由海风吹拂的牧草孕育长大，肉汁中溢满潮香，是当地最高级的羊肉。而甜点则是用诺曼底盛产的苹果放入糖汁中熬煮，周围再搭配各种口味的冰淇淋。

说到酒，宴会中提供的是书中常提到的波尔多酒，在索甸·巴萨克地方的伊甘酒庄所生产的最高级品。制造年份与诺曼底战役同年：1944 年，宴会当时对这种酒来说已经差不多达到香醇的顶点。另外，奥比昂酒庄，产地在波尔多的格拉夫地区，是最引人注目的一款名酒[③]。生产年份选择战争结束的 1945 年，正好是波尔多酒生产品质最好的一年。

这场五十周年纪念午宴的菜单在宴会开始之前四个月前就决定了。为了配合宴会的纪念性质，决定寻找 1944 年和 1945 年产的葡萄酒，而经历五十年以上的时间、现在喝起来香醇浓郁的，只有波尔多酒。问题是，爱丽舍宫的酒窖里并没有收藏像这样陈年的老酒，纪尧姆先生只好开始寻找酒和香槟的工作。

但即使是酒厂也很少拥有五十年前的酒，更何况是最高级的名酒，拥有者都当成名贵的收藏品，就算以爱丽舍宫的名义去购买也不见得有人愿意出让。打了好多通电话都被拒绝，纪尧姆先生只好亲自前往波尔多酒庄，一间一间拜访。

“这个工作比我想象的还要难上几百倍，虽然出席宴会的人数还没决定，但算一算各国首长和夫人的总数，至少要准备一打以上才够。然而，毕竟是五十年前的酒，大部分品质都劣化了，能提供这个数量的酒庄实在不多。”

经过一阵忙碌奔波，终于凑足需要的酒和香槟，时间已经是宴会前一个月了。1944 年产伊甘酒庄的白酒有两打，1945 年产奥比昂酒庄红酒一打，香槟是 1945 年产的大瓶装波美利一打。这是香槟区波美利公司提供的，1.6 升装大瓶香槟。

纪尧姆先生将这些酒和香槟小心运送到爱丽舍宫里，让它们在酒窖中沉静一下，直到宴会开始前一刻、要运往会场前才打开一瓶来试喝。

“哇！真羡慕你，有这么好的机会。”我忍不住称赞，纪尧姆先生也露出得意的表情。那么，味道究竟怎么样呢？

“配合前菜鹅肝的伊甘酒庄白酒真是了不得！颜色已经转变成金黄，倒进杯子里的时候感觉到一种老酒的稠度，香味也立刻散发出来，一点都没有因为岁月而有丝毫衰退，再摆个几年都没问题……与主菜搭配的奥比昂酒庄红酒，则是越过了品质的顶点，味道有点走下坡，但由于这次是配合纪念活动，让大家用餐中增加许多话题才选了这款酒，因此即使品质稍微不佳，也没有人表示不满。至于香槟，在倒入杯子里的时候气泡显得有点不足，但是含在嘴里的时候酸味、清凉感都很不错，算是达到标准了。”

在宴会开始的三天前，运往柯恩市的香槟和酒暂时存放在市府的常温仓库中。然后在宴会当天，纪尧姆先生亲自将一瓶瓶酒倒入另外的玻璃容器中，滤掉沉淀物。

根据在宴会现场监督的执行长达韦纳先生表示，各国元首的话题里虽然包含了战舰和飞机的演习、诺曼底海岸的壮丽景观和缅怀五十年前战役的艰辛，但都比不上纪尧姆先生费尽心思搜集的名酒。事前就参与决定菜单的密特朗总统当然知道这些酒的珍贵，其他的首长们都是喝过一口才惊艳这酒的味道。不过，最后大家的话题还是回归到五十年前决定欧洲局势的这场战役上面。

我试着询问纪尧姆先生这些酒总共花了多少钱，但得到的答案是：秘密，和酒厂约定过了，绝对不对外公布。不过，只要稍微推测一下，像这样高级的酒要凑到这么多数量，至少要花上一千万日元吧。

我在采访的过程中发现，爱丽舍宫对酒的话题非常谨慎，虽然厨房让我进去采访了，但是提到酒窖，马上说“非相关人员禁止进入”。别说要拍照，就连进去看一眼都不行，问他们原因，总是得到一个含混的回答：“因为和核弹发射指挥厅相邻，是严密的戒严地带。”问起爱丽舍宫收藏哪些酒，他们一概拒绝回答："爱丽舍宫收藏的酒一向是禁止谈论的话题。"

餐宴举行的时候，会发布选用的酒和香槟，可以从这里搜集酒的名单，但是爱丽舍宫里头到底还有哪些种类的酒则完全摸不透。纪尧姆先生之所以这么守口如瓶，主要还是为了避免酒商借由爱丽舍宫的名字来获利。

"我的工作与其说是买酒，不如说是拒绝买酒来得贴切一点。"纪尧姆先生的话表明，向爱丽舍宫推销酒的状况非常激烈，因为一旦成为国宴上的餐酒，名声会一下子扶摇直上。纪尧姆先生一再向酒厂和商家表示，"绝不能拿爱丽舍宫的名字来做广告，一旦发生这种事情，以后绝不往来"。即使如此严厉，还是不断有酒商邀请他去品尝酒。

那么，爱丽舍宫选购酒的标准在哪里？

"像一般家庭一样，选择便宜而品质优良的酒。只是打折和拍卖的酒绝对不买，因为你不知道它们保存的状况怎么样。"纪尧姆先生说。

商家邀请的试饮会上，纪尧姆先生尽可能地出席，"因为在这些推销给爱丽舍宫的酒当中，总是会发现一些不错的品牌，对于搜集酒类资讯的工作来说，是很好的机会"。抱着这个信念，纪尧姆先生不厌其烦地访问各个葡萄酒产地，参观葡萄田、酿酒工厂和酒窖。而他选购酒的时候，一定遵循两项规则：不持续购买同样品牌的酒，同一产地的酒当中，尽量收集不同生产者制造的酒。

纪尧姆先生心中的理想收藏名单，是囊括各产地、品牌、年份的酒。然而这个工作必须经得起数十年的淘汰和筛选，并不是一朝一夕就能达成的目标。"现在做的工作只不过是为将来的目标累积资讯罢了，我心里理想的收藏名单至少要经过三十年才能实现，不是我这一代的人看得到的成就。"

我想，以一个专业品酒师的标准来看，所谓理想的藏酒名单，必须包括可在各种宴会场合中符合场面水准的各种酒，“要达成这种理想的状态，少说也要收集五十万瓶以上的酒才够”。然而，现在爱丽舍宫两个酒窖里的收藏量加起来总共不过三万瓶而已，显然还有一段很长的路要走。

注　释

① 香槟虽然和葡萄酒一样，都是用葡萄榨汁发酵而来，但不同点是，香槟还需要经过二次发酵的程序。在二次发酵之后，瓶中会沉淀出酵母菌的残骸。将瓶子倒过来，浸入低温冷却的盐水中，将瓶口的部分冻结起来，沉淀物就会结成冰，一开栓，瓶内二氧化碳的压力会将冰全部排出，这就是清除杂质沉淀的过程。

② 关于发泡酒，虽然一般人都把香槟当作发泡酒的代名词，但事实上在法国，只有用香槟区特定的几个地方生产的葡萄做原料，以特定制法酿造出来的发泡酒才能称为香槟，而非香槟的其他发泡性酒类，在法国叫作姆斯酒（Mousseux）。

③ 格拉夫地区从 1953 年开始为红酒分级，1959 年开始为白酒分级。其中从多数的酒庄中选出十五个并列“第一特级”，宴会中的酒就是其中之一。

第七章

国宴上的雅贼

爱丽舍宫中保存了大量的餐具，其中包括了各式各样的瓷器类碗盘、每只大小不一的葡萄酒与香槟用水晶杯组、闪闪耀人的刀叉汤匙等银器、装饰餐桌用的银质烛台与花笼等，令人眼花缭乱。这些餐具都保存在地下室专用储藏间的桃花心木制橱柜内。平日以数道严密的防备深锁邸内，只有举行国宴的时候才有机会派上用场，让世人大开眼界。

那么在爱丽舍宫中究竟保存有多少餐具呢？在向这里的执行长加缪·达韦纳先生询问后，我得到了以下的答案：

碗盘等瓷器类　约6000碟
水晶玻璃餐具　约7000只
餐刀、餐叉以及汤匙等银器类　约10000把

瓷器类餐具全是由法国赛弗尔瓷窑（Sevres）所精制的瓷具。水晶玻璃制品则是出自巴卡拉公司（Baccarat）。银器则完全由博艺府家（Puiforcat）与昆庭（Christofle）两家公司制作。官邸内的收藏非仅当

代餐具而已，最早的甚至可以追溯到18世纪法国王政时代的国宝级器皿，如此丰富的馆藏与一般美术馆相比犹有过之。虽然时至今日，那些18世纪的餐具组早已超出它们的实用价值而成为艺术品，不过在法国国宴上，偶尔还是有机会看到19世纪后期法国第二帝政时期的瓷器被端上餐桌。

仔细观察这些陈列在橱柜中的器皿后，可以发现每组餐具上面都印有法国历代政体不同的记号。其中又以第五共和下法兰西共和国（Republic Francois）开头字母“RF”为字样的纹饰占最大宗，代表第五共和时代所制作的器皿。其他也有非常多像是第二帝政时期、拿破仑三世时代习惯以名字开头字母N为皇冠装饰的作品，波旁王朝以百合花为王室象征的器皿等。物换星移，只剩这些古老的器皿还在不断地向世人反复叙述着当年主人的雄姿英发。历经王政时代、法国大革命、第一以及第二帝政时期的动荡，各地宫殿所使用的餐具大多受到了战火波及，不是被破坏就是已散失。但是只要劫后余生而被保留下来的珍品，都集中保管于爱丽舍宫内，与现代餐具组一齐收纳在橱柜中。像是巴卡拉公司也曾派研究员赴爱丽舍宫中考察，制作连巴卡拉公司也已散失的古老水晶制品目录，并进行设计与外形的分析研究，爱丽舍宫馆藏之丰可见一斑。

众多收藏中，属瓷器餐具的历史最为悠久。我们不妨来看看赛弗尔瓷窑的器皿是如何逃过重重浩劫，最后终于收藏于爱丽舍宫内的吧。

谈起法国的瓷器，第一把交椅非赛弗尔瓷窑莫属。相对于利摩日（Limoges）瓷窑的作品泰半流通于一般民间，赛弗尔瓷窑却总是庇荫于历代政权的保护伞下。在王政时期，这个瓷窑是皇家专属，到了拿破仑时代它又成为帝国瓷窑，一直到了第三共和以后，这里才以国立瓷窑的身份定型至今。赛弗尔这个地方之所以受到历朝执政者的关爱，除了瓷器的输出是国家财政上重要的收入来源外，防止关键技术外流更是其主要目的。

欧洲的陶瓷器一直到17世纪都还必须从中国或日本输入。但是陶瓷器本身笨重不算，长途运送所产生的破损更让投资成本大增，使得陶瓷在欧洲成为非常贵重的商品。18世纪初叶在德国东部的迈森地区（Meissen）发现陶土矿并确立了制作技法后，迈森瓷器就成为欧洲王公贵族平日餐桌上不可欠缺的餐具了。

在物以稀为贵的利益驱动下，欧洲王公贵族们都绞尽脑汁地想尽办法来获取迈森技法，以便在自己的领土内制瓷，用较现代的说法，也就是所谓商业间谍行为。在谍对谍的交手下，最有斩获的便是法国。当时有两名习得迈森技法的师傅，在热爱艺术文化的蓬巴杜夫人的庇护下，于1740年开窑制瓷。

最初这座瓷窑设在邻近巴黎东侧的温森地区，但是在1756年时迁移至环巴黎而流的塞纳河对岸，也就是现今赛弗尔瓷窑所在地。之所以将窑厂迁到河对岸，因为这里是蓬巴杜公爵夫人从凡尔赛宫去巴黎的必经之处，为了方便夫人造访才取地利之便迁到这里。迁厂三年后的1759年，路易十五出资买下整座窑厂而成为皇家赛弗尔瓷窑。从那个时候起到现在，赛弗尔瓷窑一直是为权贵提供高级餐具的工厂。

在法国大革命时期，制造于王政时代的瓷器餐具大量逸失。凡尔赛宫与卢浮宫俱遭暴民掠劫，即使逃过此劫的餐具，也因为上面印有波旁王朝的百合图像而不为革命政府所用，从此长眠仓库之中。

曾经权倾一时的拿破仑也曾发过大量的订单给赛弗尔瓷窑，是为了应付他在杜伊勒里宫和巴黎西南郊外的圣克鲁宫内飨宴。拿破仑失势后，路易十八复辟继承王位，执政初期，由于餐具的数量不敷所需，不得已只好用拿破仑称帝时期所遗留的餐具来补充。但由于餐具上都印有第一帝政的纹饰，所以痛恶拿破仑的路易十八下令赛弗尔瓷窑不计一切代价将纹饰消除。印在器皿外侧的还好解决，但是想消除内侧的纹饰却不是一件小工程。当时赛弗尔的报告书中说道：如果无论如何都必须消除内侧纹饰的话，相关花费将不在少数。收到这样报告后，路易十八掂掂自己的荷包后也只好不了了之。

赛弗尔瓷窑收到爱丽舍宫的第一张订单是在1849年，前一年法国发生了二月革命并成立了第二共和，爱丽舍宫也因此第一次成为法国总统官邸所在地。但是由于革命频繁使得宫内荒废，连一个够资格端上餐桌上的餐具都找不到。有鉴于此，路易·拿破仑便在当选总统后下令将各地宫殿内战后余生的餐具都集中到爱丽舍宫，同时向赛弗尔瓷窑下单制造。

像这样的订单资料，赛弗尔瓷窑都完整地保存至今。瓷窑总馆内部有一间资料室，专门负责资料管理的女主管塔马拉·普雷欧女士因为我的造访，将庞大到必须一个人双臂合抱才拿得起的账簿，从资料室的深处捧出来。拂去扉页上的厚厚尘埃后，在和煦的阳光下，一行行以鹅毛笔所书写的娟丽字体跃然纸上，内容简洁地分为“交货日”、“买主”、“订购货项及数量”以及“价格”等项目。

快速翻揽过一页页泛黄的薄纸后，看到“买主　爱丽舍宫”一行字，我游移的指尖停下来。登记的交货日是1849年3月29日。由日期来推算，正好是路易·拿破仑当选总统后三个月左右。订购内容如下所示：

甜点盘	67盘	（各18法郎）
水果钵	4盘	（各12法郎）
水果盘	4盘	（各18法郎）
盆器	2个	（各90法郎）
椭圆形深盘	1盘	（280法郎）

深盘　　　　2 盘　　（各 160 法郎）

共计 2106 法郎

这些器皿在外观上当然必须一致，这本账簿的注释栏内载明了式样——以白底为基调，周围缀以小花，外缘镶金。这是当时赛弗尔瓷窑所设计的花样之一。至于总价 2106 法郎，换算成当时币值的话究竟值多少钱呢？

在 19 世纪后半叶，一个中产阶级在巴黎一个月的生活费约为五六十法郎。创业于 1816 年的著名旅馆“摩里斯”是当年从英美到法国旅行的富豪必定指名下榻的高级旅馆，而当时的费用是一晚 4 法郎。换句话说，当年爱丽舍宫用作餐具采购的预算相当于一个中产阶级三年半的生活费，同时也是豪华旅馆一年半的住宿费。这样一比较，我们不难发现瓷器与当时一般的物价相比是如何地高不可攀。顺带一提，赛弗尔瓷窑在当年整年的营业额是 75260 法郎又 45 生丁！

根据账簿所载，爱丽舍宫第二次购入瓷器的记录出现在一年又五个月后的 1850 年 8 月 6 日。虽然当时路易·拿破仑总统还是单身，但是记录上的买主却登记为“总统夫人”。当年在爱丽舍宫内确实住着路易·拿破仑的表妹，并被众人视为总统的爱人，所以我们可以合理地推测应该就是这位女士所下的订单。只是赛弗尔瓷窑先为其正名而登录成“总统夫人”，页面上记载着：

咖啡壶、瓷器盆、砂糖罐与牛奶杯一套　1600 法郎

咖啡杯　915 法郎

共计　2515 法郎

优惠　九折

折扣后价格　2263.5 法郎

第一次的订单记录上并没有发现任何优惠，想必这百分之十的优惠是专为讨“总统夫人”欢心用的吧。

自此以后，账簿上就再也找不到爱丽舍宫的名字了，因为1851年12月路易·拿破仑勾结军方发动政变，废止第二共和而建立了第二帝政。不仅自封为拿破仑三世，并从爱丽舍宫迁至杜伊勒里宫居住。

不过拿破仑三世每年都会向赛弗尔瓷窑订购用在杜伊勒里宫与圣克鲁宫内宴会所用的餐具。目前爱丽舍宫内所收藏的古瓷中，就属第二帝政时代的餐具数量最多也最齐备。前面我们曾说到这批古瓷唯有在爱丽舍宫宴请国宾的场合中才有可能让世人一饱眼福。数量丰富，足够开设三百人的大型宴会，拿破仑三世的瓷具订购量可见一斑。

事实上，好大喜功的拿破仑三世为了招待从世界各国来访的国王、皇帝等贵宾而举行过无数次的大型宴会，因此他需要订购大量的餐具来充场面。同时，拿破仑三世所主导的第二帝政时期，刚好又是法国工业、经济与文化发展最成熟的阶段。加上巴黎的都市重建计划也在这个时期开花结果，于1855年与1867年举办的第一次、第二次万国博览会都在巴黎揭开序幕，各国元首纷至沓来，使得花团锦簇的法国更是锦上添花。拿破仑三世极尽奢华地招待外宾，不仅为了展现帝国的威信与实力，更希望借由这样的活动来向世人宣告他继承帝位的正统性，也许在内心深处，他也有一点想抚平政变中以不法手段取得帝位的良心苛责吧。

在第二次万国博览会的宾客当中，以维多利亚时代最著名的皇太子威尔斯（即位后为爱德华七世）为首，其他还包括俄国沙皇亚历山大二世、普鲁士国王威廉一世以及更多从奥地利、希腊、瑞典、西班牙及土耳其等地来访的王公贵族，贵客整日络绎不绝。这些贵宾白天穿梭在展览会场中，到了夜晚则群集于杜伊勒里宫以及巴黎市政厅中笙歌达旦。拿破仑三世所订购的餐具不仅供飨宴所用，其中更有一部分是馈赠贵宾时用的高级纪念品。

继续翻看账簿，我找到了另一则有趣的记录。拿破仑三世在普法战争的一个半月后，也就是在1870年9月2日，不幸在色当地区被普鲁士军队俘虏，第二帝政也因此崩解。但是在皇帝被俘五日后的9月7日，失去主人的杜伊勒里宫却收到了赛弗尔瓷窑送达的订购品，包括拿破仑三世送给欧仁妮（Eugenie）皇后的瓷器装饰与赐给地方法院院长孔皮埃涅（Compiegne）作为犒赏的两套茶杯组。虽然当时赛弗尔的瓷器常常被皇帝当作馈赐臣下的褒奖品，但这两样礼物总值是2590法郎，其中光是两套茶杯组就值2340法郎。

第二帝政瓦解后法国随之成立了第三共和。法国的无政府主义者梯也尔（Adolphe Thiers）组成了“巴黎公社”自治政府。当时梯也尔将政府迁至巴黎郊外的凡尔赛宫，并下令将拿破仑三世存放在杜伊勒里宫内为数众多的餐具运往凡尔赛宫。若是没有这道命令，恐怕世人就算在爱丽舍宫内的国宾晚宴上，也无缘再见到第二帝政时期的餐具了。因为日后政府军反扑使得巴黎卷入激烈的逐巷战，肆无忌惮的掠夺与无情的破坏加上野火摧残，杜伊勒里宫在这场混战中灰飞烟灭。

到了1874年，麦克马洪元帅（Marechal Mac-Mahon）获选为新任元首并再度成为爱丽舍宫的主人。当时为了让荒废多年的爱丽舍宫能更符合它高贵的身份，新元首下令大肆改建修筑，并且将存放于凡尔赛宫内的庞大餐具再度运回此处。此外他还下令从圣克鲁宫、枫丹白露宫等处搜集战后余生的各朝权力者所使用过的贵重餐具。爱丽舍宫内令人称羡的庞大珍贵收藏就是源于此举。

之后这些理应大门不出的珍贵餐具，却也有一次大举搬出爱丽舍宫的记录。那就是在第二次世界大战战火方酣的1940年6月，势如破竹的德国突击大军如水银泻地般直扑巴黎而来，于是法国政府决定撤出巴黎，往南部的波尔多地区另建指挥所。此时为避免这批国宝级的银器及水晶等贵重器皿遭德军掠夺，在某个月黑风高的夜晚，法国政府派人将这批价值连城的餐具，用厚实的木箱保护后连夜用卡车运出，这是发生在德军占领巴黎前几日的事情。

数日之后，法国政府便向轴心国投降，贝当元帅在法国东南成立了亲纳粹的维希政府。到了现在，我们将历史回归历史，不去追究，政治的是非也自有公断，只是，我很好奇到底这批被秘密抢救出的餐具，最后的落脚地在何处？为了满足自己的好奇心，从上到下包括爱丽舍宫的执行长达韦纳先生都成了我询问的对象，但是任谁也无法给我一个满意的答案。毕竟是尘封五十年以上的历史了，况且当时一定是以极机密的方式低调处理，知道此事的人自然就更少了。

就在我放弃寻找答案的时候，却偶然在赛弗尔瓷窑中得到了答案。这是我在与史料部长普雷欧先生的闲谈中不期然的收获。收藏于赛弗尔瓷窑中的珍贵瓷器在历史上共有两次搬移的记录。那是1870年的普法战争以及1940年的第二次世界大战中，为了保护珍贵瓷器免于受到德军掠夺，在德军迫近赛弗尔地区的时候，由工人先将瓷器隐藏于后面采石场的洞窟中以避战火。

听到普雷欧先生的这番叙述，我随口问道："那么在大战中爱丽舍宫内的餐具又是隐藏在哪里呢？您有听说过吗？"没想到我意外地得到了普雷欧先生的答案："爱丽舍宫的餐具是与我们赛弗尔的瓷器藏在一起的啊。"真是踏破铁鞋无觅处。

在地形上，巴黎位在盆地的洼处，四周有台地围绕。从巴黎西南部的郊外搭车往巴黎行进时会经过摩顿森林，等到穿过了这片森林后就隐约可见艾菲尔铁塔的尖端。再行车一段时间后，地形就从台地变换为盆地，并形成一道又急又长的下坡道路，此时前方视野豁然开朗。眼前的就是赛弗尔镇，过了这里，会看到一个沿塞纳河两侧牌楼鳞次栉比、腹地往对岸延伸的城市，那就是巴黎。赛弗尔城的建筑排列方式是沿着斜面扩张，其中穿插着好几个采石所遗留下来的洞窟。每座洞窟间都有隧道相互串联形成迷宫般的地形。若是想隐藏东西避人耳目的话，这里的确是个绝佳场所。

想必当年在大战中，爱丽舍宫曾经委托正在准备隐藏自己馆内庞大收藏品的赛弗尔瓷窑，顺道将宫内的餐具一块隐藏以避德军魔掌。直到战争结束为止，这批珍贵的馆藏都没有被德军夺走。

爱丽舍宫内所典藏的器皿中，属于拿破仑三世所执政的第二帝政时期的餐具，无论大小器皿都打上了从一到三百的流水号。换句话说，这些器皿足够举办一次三百人份的餐宴。虽然这些餐具里边都印有第二帝政时期的纹饰，不过在第五共和体制下依旧受到青睐。在法国历史上曾有一度王政复辟时代，那时的路易十八因为非常厌恶拿破仑而想尽办法要去除掉餐具上第一帝政时代的纹饰，不过这些纹饰终究仍成为历史上一段磨灭不去的痕迹。

在现今的国立赛弗尔瓷窑中，有一间工房专门负责复原爱丽舍宫内所保有的古瓷。因为这里保有当时所有设计图，所以当爱丽舍宫中不小心发生破损意外时，这间专职工房便可依照原图再造一只新的，并打上相同的编号以便归位。但是打上帝政时代纹饰的程序会以法兰西共和国的开头字母“RF”取而代之。

在国宾欢迎晚宴上所使用的第二帝政时期的餐具，无论在用色或造型上都显示出它的浓艳高贵，这是有其形式可循的。盘心通常是色彩鲜艳的花鸟图饰，或是以大片的田园风景为主轴，周围再施以复杂的滚边曲线，最后在盘缘上镶以金边后告成。丰富多变的装饰性与热闹复杂的形式美，正是自17世纪末到18世纪前叶主导欧洲艺术的洛可可风格的最佳典范。

为什么都已经到了19世纪后半期却在餐具的装饰上还采用流行了百年以上的艺术形式呢？其实这与第二帝政时期的风气有密不可分的关系。一方面因为拿破仑三世与皇后欧仁妮一直想重演宫廷生活的华丽与庄重感，所以想借由已有百年历史以上的洛可可宫廷文化来一偿宿愿。另一方面在当时社会上已跃起一批新兴的市民阶层，这些人替代以往的王公贵族而以艺术的新拥护者自居。但由于这些人对于美的评鉴基准火候未到，所以大多受到过去既有的美学形式影响。最佳的证明便是洛可可样式的复兴。此时的欧洲社会积极地保存以及复兴与洛可可相关的手工艺技术，炙盛的风潮让这段时期甚至被称为第二洛可可时代。

爱丽舍宫内所有装盛葡萄酒或香槟用的水晶杯，以及存放冰淇淋或蜜饯所用的容器，全部采用巴卡拉公司所出品的水晶器皿。而该公司的水晶玻璃则以19世纪后半期所设计的所谓朱比吉式样为主轴。这种式样的设计最初曾在1889年的巴黎万国博览会上展出过，特征是在其厚重的水晶上刻划出细腻如鱼鳞般的纹样，使得光线经过多重折射后让制品散发出高贵的晶彩。

巴卡拉公司所制作的水晶在原料的混合上特别将氧化铅的比例提升至百分之三十，这与捷克的波希米亚玻璃（Bohemia Glass）比较起来多了一份手持的厚重感。尤其是朱比吉形式的水晶杯原本就以厚重的水晶制成，加上经过该社精密计算过的复杂切割，让制品散发出一种感人的光芒。法国总统夫妇在招待友人的私人午餐会上，有时会使用较现代的纤薄高脚杯宴客，但是只要是招待国宾的正式场合中，必定以朱比吉型的水晶杯飨宴宾客。

爱丽舍宫内所使用的刀叉汤匙等银器，则是采用博艺府家或昆庭两家公司的产品。昆庭公司的银器自19世纪起便被采用至今，而博艺府家的产品，却是自第二次世界大战后才被爱丽舍宫所采用。该公司为了纪念战争结束而发行了一套与爱丽舍宫同名的银器，并寄赠了一套给爱丽舍宫。自此，这套银器便常在国宴等正式的场合上出现。其整体造型是一道优美弧线的银叉，以及刀型圆润、握把沉甸刚好单手盈握的银刀，为国宴添色不少。这件银器已经与水晶玻璃同样位列经典了。

此外，昆庭公司所出品的银制刀叉，经常出现在外宾与总统私人飨宴的餐桌上。该公司所制的国宝级装饰类银器例如巨型烛台及花篮等物品，更是只有国宾级以上的欢迎会上才有可能摆设出来的家藏珍品。

在爱丽舍宫中共有六名称作阿尔强提耶(Argentier)的专人在负责管理这些大量的餐具。这六人都是拥有工艺品鉴定师资格的文化部职员，长年派驻在爱丽舍宫。所谓的“阿尔强提耶”在法国王政时代是专责帮忙国王管理贵重银器及黄金装饰物的官衔，换句话说也就是金银器的调度者。这样的职称与金银器一起保存在现今的爱丽舍宫内，一直没有改变。

唯有这六个人手中所持的钥匙才能够打开沉重坚实的桃花心木橱柜，其他人即使贵为总统也没有这样的特权。在国宝级器皿盈仓的爱丽舍宫内，这六个人的权力实在与王政时代的阿尔强提耶不分轩轾。不过现代版的阿尔强提耶比王政时期要多出一项工作，那就是餐桌的布置调度，也就是负责宴会桌上的装饰与调度等。

讨论了这么多有关餐具的故事后，我们再来聊聊有关桌布的话题。

在爱丽舍宫内共有六位专职管理桌布与餐巾的女负责人，其中最年长的女性从20世纪60年代中期起就一直任职。这些女性与阿尔强提耶一样，都是隶属于文化部的职员。除了桌布与餐巾的管理外，宫内各处的沙发椅套及窗帘等物品也是她们的责任范围。平日的换洗工作一向自己动手，绝不倚靠城内的洗衣店。

宫内所藏的宴会用桌布及餐巾合计共有130套，其中包括来法访问的外国达官所赠的，或是历代总统夫妇所特别订制的等等，有各种不同尺寸及样式，并且依照每幅桌布不同的特征标上了不同特色的名字，例如“彩虹”、“珍珠”、“圣诞蔷薇”以及“维纳斯”等容易辨别的名字，以便负责人寻找。若不这么做的话，要想从130套桌布中找出想要的那套，非得一张张抽出来一一确认不可。

在爱丽舍宫内馆藏中，最古老的一幅应该是克里米亚战争（1853—1856）结束后，英国维多利亚女王赠送给同盟战友、法国拿破仑三世的那幅锦缎织（Damask）桌布。所谓的锦缎织，最初是发源于公元五、六世纪时期叙利亚首都大马士革的一种织法，以斜纹或缎子为底，并以金银线交织刺绣出图样。

维多利亚女王所赠的这幅桌布，以刺绣的方式描绘出当时所有参与克里米亚战争的各国兵士，是一幅以欧洲近代史实为主题的珍贵艺术品，已被法国指定为国宝，到目前为止也只有招待如英国女王伊丽莎白二世等特别的国宾才会使用。

这些馆藏的另一个来源，则是由历届总统所订购。留存的其目的之一，是为了后世保存法国当代的装饰艺术，所以往往受委托的都是新进的年轻设计师，或著名的织者。比如说在二次世界大战后，文化造诣颇深的蓬皮杜总统，于1972年英国女王伊丽莎白二世访问法国之际，便订购了一套桌布，这套现代感十足的桌布仅以橘色的浓淡效果来表现出几何排列的美感，这是爱丽舍宫内一项打破传统的新尝试。

另外在90年代密特朗总统也委托设计师艾里克·帕雷制作了一幅名为“南极”的桌布：以深蓝色为底，象征着湛蓝的天空，再以金线刺绣代表分布在四周的星座。这幅用色大胆的桌布在爱丽舍宫以淡彩为主的收藏品中，算得上是一幅抢眼的异数。同时另外还有一幅名为“北极”的设计，是在密特朗总统首肯下定稿的，但是完成时却已政权易帜，进入席拉克总统的时代了。

说到了桌布，就令人想起另一件与桌布有关的事情，那就是“潘妮洛普”(Penelope）的历史。

20 世纪 50 年代的法国有许多战争所遗留下来的寡妇以及女性残障者，她们为了养家糊口而从事刺绣或裁缝等工作，但是微薄的收入常使得她们三餐不继。为了救济这些战争的受害者，雅克莉娜 · 麦尔夫人便招集友人于每周五腾出自己住家处的一间空房来展示制品。这些制品的精细手工以及高贵质感，在众人的口耳相传下渐渐建立起口碑，从而市场销路也日渐宽广了。原本仅是三五好友所发起的活动，到最后甚至连订单都接不完，于是便成立了从原料采购、设计、商品管理以及贩卖等一体化的非营利义工机构“潘妮洛普”。

这些高品质且充满原创感的亚麻布制品包括桌布、餐巾、被单、毛巾以及窗帘等，经由潘妮洛普的努力，商品已超过义工机构的廉价感而成为高档货的代名词。特别是 1982 年在凡尔赛宫举办七国高峰会议的时候，密特朗总统指定使用“潘妮洛普”的商品来当晚宴用桌布，爱丽舍宫自然也就成为潘妮洛普的最佳代言人。时至今日，除了政府机关以外，法国驻外的大使馆内也常采用潘妮洛普的制品。

保存这些桌布与餐巾的整理室，位在爱丽舍宫二楼，面对内庭的一隅，邻近总统的办公室。室内的整理架原本属于拿破仑三世夫人欧仁妮皇后所有，因此架上刻有第二帝政的标记，已被指定为法国国宝。宫内的 130 套桌布统统被小心地保存在这座整理架上。

在国宾的欢迎晚宴举行当日，阿尔强提耶从早上开始便忙着彩排与餐桌布置。爱丽舍宫内承袭了过去第二帝政时代的餐桌布置艺术，首先在餐桌中央配置了巨大的银质烛台或水晶装饰品，并装饰以鲜花。去简就华、舍实质而取其灿烂夺目，避免单调重复而极力强调鲜艳的用色基调。

晚宴前的准备工作可说是千头万绪，首先从布置长方形主餐桌与其他椭圆形餐桌所用的桌布开始，选择一套适合当日晚宴所用的桌布，向来是负责管理桌布的女职员的工作。不过，样式的选择通常是与阿尔强提耶协商后，尽量选择包含有外宾所属国国旗或国花的颜色，或与外宾国国旗同色系的情况较多。有时若事先得知外宾夫妻有特殊喜好的颜色时，也会将其纳入考量。不过，大方向还是以不使用繁艳刺目或过浓的颜色为原则，尽量以淡色系为主。

在铺设桌布时，从桌缘垂下的襟脚长度甚至要求至厘米单位，不容许有丝毫的走位。爱丽舍宫的桌布铺排法也是遵照第二帝政时期的规矩，襟脚的长度必须在触地与不触地之间。也就是说必须让桌布垂到使宾客的双足不被对面看到的程度。当位置决定好后，还必须在桌布挂好的状态下再度以熨斗仔细熨过，将一切细小的皱折与折痕整平。最后负责管理的女职员还会以目视的方式，确定没有线头或污色才算大功告成。

第一阶段完成后，阿尔强提耶开始放置装饰用的盘子。这些装饰用盘仅供筵席开桌时观赏用，在上前菜时会将其撤下。盘与盘间的距离保持在 70 厘米。决定好位置后首先放置的是餐刀与餐叉，接下来决定水晶杯位置。在爱丽舍宫内的飨宴流程中，前菜、主菜与配菜、起司以及甜点所用的刀叉汤匙，会依上菜顺序更换，并不像一般筵席那样从一开始就先将所有餐具依照菜单顺序逐一排开在餐盘两旁。

至于水晶杯方面，则排列有白酒、红酒、香槟以及矿泉水用共计四个杯子。排放的位置也是要求精准到以厘米为单位。完成后还会以数十米长的标线，一一确认主餐桌上的全体餐具、水晶杯是否排列成一线，以及餐刀与餐叉是否整齐划一等等。

等到所有餐具都按部就班地放置好后，就开始排放水晶装饰与银制烛台，并在一定的距离外放置银制胡椒罐与白盐罐。从中心起不断分枝出去的银制烛台，其优雅的身段是靠35公斤的重量所展现出来的。接下来鲜花的插放便是餐桌布置的最后一道手续。

爱丽舍宫内其实有专门职员在负责鲜花的配置。每日清晨固定会有装在常温货柜中的鲜花从巴黎市近郊的兰吉斯中央花市配送过来。这些最新鲜的花朵在负责人与助手的协助下分插在每一个花瓶中。分散在总统与各行政官的办公室，以及总统官舍等各馆内的花瓶，都是他们的责任区。当然在举行宴会的日子里，餐桌上各式各样的花饰更是他们一展身手的时候。

目前宫内的花饰负责人帕特里克·艾米丽小姐曾是1994年退休的贝尔纳·杜比耶先生的助手。杜比耶先生堪称花饰权威，从1968年起的二十六年间都在爱丽舍宫内专注于花饰的研究，已成为历代法国总统在与花有关的逸闻中不可或缺的人物了。

比如说蓬皮杜与德斯坦这两位前后期总统都偏好蔷薇而不喜欢康乃馨，但前者的政治立场是保守派而后者属于中间派，对于花的好恶是两位政治立场迥异的总统所拥有的少数共通点之一。不过密特朗总统却恰恰相反地对蔷薇没有好感。由于红色蔷薇是社会党的象征，所以自1981年5月密特朗当选法国总统后，杜比耶曾经礼貌性地问及每日在总统办公室内插上红色蔷薇是否适当，结果密特朗总统是以“只有这件事请务必中止”来回应。不过由于总统的幕僚还是对于蔷薇情有独钟，所以杜比耶每天还是会偷偷地混插几支漂亮的大红蔷薇在幕僚办公室内的花瓶中。

在国宾欢迎晚宴的主餐桌上，通常会摆放四到五盆花饰，多以菊花、蔷薇与雏菊等鲜花装点组成。招待一般宾客用的椭圆形餐桌上，则在中心处摆放一个较小号的花盆，基本花色的选择是配合当日桌布的颜色，不过以不超过三到四色为原则。这是因为照阿尔强提耶的建议："花饰的重点在于如何与桌布、餐具、银器以及水晶饰品等各部分做一整体性的搭配，与其营造太过抢眼的花饰，倒不如保持桌面全体的协调性较佳。"不愧是专家中的专家，连这些细部问题都毫不马虎。

当花饰安置完毕、餐桌的布置已告一段落后，此时就换仪典官接手了。比如说菜单是否正确地放置在宾客的左手位置，名牌是否立在盘子与水晶杯中间……诸如此类的检查，并且一遍又一遍不厌其烦地确认席次表与名牌间是否有差错等等，这些都是仪典官的责任。

国宾晚宴的准备工作，可以说是从数日前各部负责人所共同创作出来的。这种情况就好像从深山所涌出的清泉汇集成支流，支流再汇集成百川，等到百川聚集成大河后，就只等着注入海中来毕其全功。在宴会举行的两周前，三份由执行长、主厨以及品酒师所共同拟定的菜单，会送到总统面前做最后的裁定。接到最终确认的菜单，厨师们便开始忙着进料与提前调理工作。另一方面，以仪典长为中心的仪典官则开始决定宾客名单并且安排席次。等到晚宴当日，则是阿尔强提耶、桌布管理人以及花饰负责人的表现时刻了。这些千头万绪的工作成果都是由仪典长来做最后的点头确认。虽然各部的负责人看似都以独立作业的方式行动，其实彼此却像是齿轮般契合转动，向着同一个目标迈进。数周前便着手的准备工作看似万端，但终究可慢慢显现其清楚的轮廓。

仔细想来，国宾的欢迎晚宴与剧场经营颇有相通之处。比如说执导及剧本的规划是由总统、仪典长以及执行长所共同裁定，为了促成演出人员的戏剧效果，衣着、灯光以及音响效果（所有事前准备工作）等都是不可马虎的重点，这还需要不同领域的专门人士（阿尔强提耶等）来共同协力，才能让一出好戏在剧场中博得无数掌声。在这出好戏中，法国总统以及国宾们除了从头到尾做了鉴赏者之外，自己也在不知不觉中成为这出戏中的角色之一了呢。

挂在天花板上的水晶吊灯所散发出的炫幻光芒，除了让赛弗尔瓷器闪耀着深不可及的藏青色外，也让餐桌上的银器皑皑地反映着饱含历史的光泽。餐桌则在鲜花以及饰品的堆砌下显现出优雅身段。周围的空间再以一群出身于巴黎国立高等音乐学院的佼佼者所演奏出的优美音色来填满。真是完美且礼仪周到的接待礼。接下来，这综合艺术的点睛之处，便落在花了几周时间所准备的餐点以及与餐点搭配完美的葡萄酒上了。

那些受邀者必须用尽其视觉、听觉、味觉、嗅觉以及触觉这五感，来体验这场综合性艺术，堪称为梦幻的一夜飨宴。事前不知动员了多少人员所做的准备和努力，都凝缩在这场五十五分钟的筵席上，并且如昙花般花开花谢，的确是人世间最奢侈的享受。

法文中有一俗语说到“Art do vie...”，可以译为生活术、生活手段等等。 但是我认为译文与这句话的本意有所出入。 直译的话应该翻成“生活的艺术”，虽然文辞极不成熟，但我认为这样反而最能一语道破其中真义。对于一个努力让生活充满乐趣的法国人来说，这句话完全能反映其人生观。让食衣住散发着丰富的感性，用尽一切办法来为生活添加色彩并且浸淫其中，这是法国人之所以浪漫的真髓。

爱丽舍宫内的飨宴，某种程度上说来不就是这句“生活的艺术”的最佳展现吗? 使用的餐具、餐桌装饰，以及色香味俱全的餐点与搭配的葡萄酒等等，无一不是从法国人优雅的生活态度以及多彩多姿的原创意念中诞生。这些一举手一投足的精彩，都是法国文化几经剧烈激荡下所交织成的历史缩影，里头注入的是法国人满满的感性与追求完美的生活态度。以这样的结晶来丰富外宾的五感，这种对于法国文化的真切体验，是难以用世间任何文字加以表达的。

午夜零时前晚宴终告一段落，在宾主尽欢中送走了宾客，身为主人的总统夫妇也退入东侧的起居处内歇息。此时爱丽舍宫内大厅的灯火虽熄，但是还有一群人在馆内的一隅默默地工作。这是飨宴后的收拾整理。桌布管理人正在慎重地检查桌布上是否沾上脏污，并且立刻送洗。地下室的厨房内更有一群专人负责清洗堆积如山的碗盘、水晶杯及银器。这些工作都是人工进行，绝不假手机器。另外水温必须不过冷也不过热，这样才可保证在清洗的过程里不使这些国宝级的餐具以及水晶杯受损。

所有的餐具、水晶杯以及银器在清洗完毕后，阿尔强提耶必须负责将其归类收回：先小心地放回铺着天鹅绒布的木箱中，在确认过数量无误后才收入桃花心木所制的橱柜中。由于国宾晚宴上所使用的餐具光是餐盘就近乎2000个，所以确认无误并且将橱柜锁好时，已是东方渐白。

到了最后的清点工作时偶尔会有数量不符的情况。尤其是咖啡用的小汤匙、水果用的小刀小叉等银器类最常出现不足。这多半是宾客带走留做纪念的结果。“大项的像是餐刀或餐叉、胡椒罐或白盐罐等银器，到目前为止还没有过遗失的记录。通常会短少的都是像小汤匙等容易滑入口袋的东西。因为毕竟都是高贵的古董，发现有什么不对的话，我们都会偷偷地加以注意。但是若是没有恶意，只想带个爱丽舍宫的纪念品回去，通常我们都不会深究的。”执行长达韦纳先生说。

还好，像这样的国宴雅贼并不是经常有。

第八章

热情与实用主义

法国有史以来举行过的最隆重的款待仪式，是1992年6月9日英国女王伊丽莎白二世以国宾的身份访问法国。

那次是女王自1952年即位以来，第三次以国宾的身份访问法国。第一次的访问是1957年在勒内－儒勒－古斯塔夫·科蒂总统任内，当时女王非常年轻，还不到三十岁，第二次是1972年于蓬皮杜总统任内，而第三次以国宾身份访问法国，足足暌违了二十年之久。

伊丽莎白女王和夫君菲力浦亲王所搭乘的专机，在当天早上十一点半，距离巴黎南方二十公里的奥利机场降落，密特朗总统和达妮埃尔夫人在登机梯旁迎接，互相寒暄问候之后，两对伉俪便搭上专用的直升机飞往举行欢迎仪式的巴黎安瓦立德广场。位于塞纳河左岸亚历山大三世桥边的安瓦立德广场，南边是安放着拿破仑遗体的纪念馆（荣军院），东侧围绕着外交部大楼，广阔的绿地形成一大片开放空间，加上距离爱丽舍宫很近，所以欢迎国宾的仪式经常在这举行。

演奏完英国和法国的国歌之后，女王开始在排列整齐的仪队前阅兵，接着两国元首由车队引导前往玛里尼宫迎宾馆。密特朗总统与伊丽莎白女王乘坐的敞篷车，是二十年前女王前往法国访问时蓬皮杜总统向雪铁龙公司特别订购的法制汽车，已经成为女王搭乘的专用车。除了国宾级的伊丽莎白女王外，其他的外宾如无特殊状况是不能使用这辆车的。

从安瓦立德广场到玛里尼宫迎宾馆约一公里。玛里尼宫是女王访法期间的住所，与爱丽舍宫相望，于1753年建造完成，比爱丽舍宫晚了三十年。1869年犹太裔富商古斯塔夫·罗斯柴尔德买下玛里尼宫，从1869年之后玛里尼宫便归罗斯柴尔德家所有，一直到1972年女王以国宾的身份第二次访问法国之前，法国政府才从罗斯柴尔德家买下来当作迎宾馆。

除了玛里尼宫之外，作为接待国宾用的迎宾馆还包括凡尔赛宫中的特里亚侬宫（Trianon），这次的访问，法国方面原本安排特里亚侬宫作为女王下榻的场所，但是英国方面却以距离爱丽舍宫较近为理由，改成了玛里尼宫。

一整列通往迎宾馆欢迎伊丽莎白女王的游行队伍，以骑兵连队作为前导，比起以往各种国宾欢迎仪式都还显得壮观和气派。一路经过亚历山大三世桥、香榭丽舍大道，由骑兵担任护卫的游行队伍，打扮成拿破仑帝政时代的穿着，最明显的标志是白色的紧身裤搭配深蓝色的制服，肩上点缀着金色的锻边及肩章，身上还披着铁甲，这身装扮完全仿照当年令欧洲多国联军闻之丧胆精锐骑兵的样子。

游行车队的阵容，包括担任前导的军乐骑兵中队，接着是持军刀的骑兵中队，然后是一条绵延数公里的长车阵，车阵的最前线是密特朗总统和伊丽莎白女王所乘坐的敞篷车，后面跟着总统夫人达妮埃尔和菲力浦亲王的乘车，接着才是两国政府相关人员所搭乘的车队。车队两侧由重型机车中队并行前进，固守游行车队的安全；车阵的最后面是骑马的骑兵中队担任保护的工作。整体来说，骑兵队的人数依国宾的重要性来做决定，而伊丽莎白女王来访时，史无前例地动员了百名以上的骑兵。

在游行的车队中，骑兵们排出的队形即是当时拿破仑赴战场时所呈列的队形，虽然现在这个时代世界都已经走向国际化，欧洲也以联邦制的目标为着眼点来进行整合，即便如此，遇上外交的场合，仪式中仍然免不了想要展现国威，摆一摆历史光荣的排场。

我当时也混在群众中，沿路观赏着游行队伍，骑兵银色的铁甲在阳光照耀下闪闪发亮，担任先头部队的军乐骑兵中队，奏出的雄壮军乐喇叭声响彻云霄，马蹄踏在石地上发出踢踏声，而主角伊丽莎白女王穿着一袭粉红色洋装，搭配同色系的薄纱帽子，从敞篷车上向群众挥手。

依照惯例，国宾访问法国时，法国当局都会在香榭大道的街灯挂上来访国和法国的国旗，这次当然也不例外，法国的三色旗和英国米字旗在初夏的七叶树梢迎风飘曳。映入眼帘的景象是融入一片鲜绿行道树中的旗海，沿着缓坡上升的香榭大道迤逦到凯旋门，光彩夺目。

到了凯旋门广场，伊丽莎白女王和密特朗总统一起下车。因为法国国宾的访问行程中照例会安排一趟无名战士墓前献花的仪式，女王也依行程来到凯旋门下的无名战士墓前，献上花束致意，然后，整个游行队伍顺着来路绕回去，沿着香榭大道下坡之后，左转进入玛里尼大道，眼前就是终点玛里尼宫。

密特朗总统夫妇送伊丽莎白女王与菲力浦亲王回到玛里尼宫中，再次互相寒暄后依照惯例互赠对方礼物。

关于英法两国元首的礼物，有一段温馨的故事。1976 年德斯坦总统以国宾的身份访问英国时，伊丽莎白女王赠送给喜好狩猎的法国总统一只加拿大原产的拉布拉多猎犬。德斯坦总统相当高兴地将猎犬带回法国，不久驻法的英国大使馆接到了爱丽舍宫的电话，内容大致如下："总统虽然非常喜欢这只猎犬，可是猎犬不听使唤在馆内任意行走，我们猜测可能在它小的时候已经记住教养它的专门用语，希望能教教总统这些用语好训练它。"英国大使馆请示了白金汉宫后，问题转到了专门处理王室赠礼的温莎城堡，温莎城堡行政主管去找了当时买进猎犬的宠物店，从那里问到了猎犬的饲养主人，请他告知"坐下"、"安静"、"趴下"、"拿过来"等的教养用语（英语），然后列成一览表通过驻法英国大使馆转交爱丽舍宫。不久又接到了从爱丽舍宫打至英国大使馆的道谢电话："费了好大的工夫，猎犬总算不会胡乱地任意行走了。"

那一天晚上，在爱丽舍宫举行欢迎伊丽莎白女王的晚餐会。整排的骑兵乐队总共有三个中队共78人，刚抵达爱丽舍宫正门前庭，正在下马时，伊丽莎白女王与菲力浦亲王的座车开进了爱丽舍宫，仪典长护卫着女王和殿下，引领他们走向站在玄关阶梯上等待着的密特朗总统和达妮埃尔夫人。

两对夫妻在仪典长的导引下，往馆内东侧总统居住的区域移动，走进了"图书大厅"，一般说来，国宾夫妇与总统夫妇会在这里享用餐前酒，同时轻松欢谈一阵子，但是伊丽莎白女王和夫君只点了不含酒精的矿泉水取代餐前酒。

一阵寒暄之后，密特朗总统夫妇引导着伊丽莎白二世夫妇往东馆一楼，面向南边的"银厅"走去，这间宽敞的大厅位于东馆的最后一间，西面和南面朝向庭院。在戴高乐总统时代，曾经邀请过一些作家到这间大厅中用餐，其中，著有《戴高乐时代的爱丽舍宫》一书的女史学家克罗德·迪降曾写道："这是馆中最令人感到舒服的地方。"

"银厅"最著名的，就是不断目击了许多历史事件。1815年滑铁卢战役失败的拿破仑，在这个房间度过了最后的一百天，为他意气风发的雄图大业画下休止符，并签署退位声明。签名之后拿破仑焦躁地在大厅里来回踱步，并且向国民发表了一些声明，这些声明后来都写成了口述笔记，但是其中有一些被刻在银盾上，保存在大厅里当作纪念，内容大概是这样的：为了让法国独立，我的奋战最后一定会在人民的努力和后继者的同心协力下完成。1851 年 12 月，拿破仑的外甥路易·拿破仑勾结军队发起君主复辟事件，当时他就是在这间大厅里等待成功的消息。另外，有一个充满疑点的历史事件也是在这间大厅里发生的，那就是1899 年的时候，菲利·福尔总统和秘密情人在这里幽会，最后竟因心脏病发作死在情人怀里。

很意外地，根据女史家迪降的说法，戴高乐总统其实并不太喜欢“银厅”。难得请客人到此处参观的时候，他总会喃喃念着：“当年在这个大厅里，拿破仑在众将军的保护下签署退位的声明，然后走出去坐上准备好的马车，就这样默默地向英军投降，但是你想想看，像拿破仑这样曾经叱咤风云的人物，竟然甘愿这么结束，不觉得哪里不太对劲吗?”

实际上，拿破仑并不是立刻向英军投降，离开爱丽舍宫后，他逃往巴黎西郊的玛尔梅森，在已经离婚的前王妃约瑟芬的住所度过好几天之后才投降。但是对戴高乐总统来说，史实并不重要，他在乎的是，拿破仑对英军不战而降的懦弱表现。第二次世界大战爆发后，1940 年 6 月，法国政府与军队向兵临城下的德军投降，戴高乐总统反其道而行亡命到英国。在伦敦经由 BBC 的转播，以“自由法国政府”之名，向法国人民呼吁对德国抗战到底，就这样坚持到最后终于获得胜利。对于坚决抗战到底的戴高乐总统来说，拿破仑放弃抵抗轻易对敌军称臣的行为，实在令人懊悔。

在“图书大厅”稍作休息后，伊丽莎白女王夫妇和密特朗总统夫妇在仪典长的带领下往“缪拉厅”移动，准备展开“介绍仪式”。这次晚宴的受邀者共有 240 人，除了两国政府官员、各国大使之外，还请到与两国关系深厚的政商界人士、知识分子、艺术家等，女明星凯瑟琳·丹妮芙、伊莎贝尔·阿佳妮，歌手米雷耶·马蒂厄、芭芭拉也出席这场盛会，比起爱丽舍宫平常的晚宴，今晚显得更华丽。在一楼的“肖像厅”、“蓬巴杜大厅”、“大使厅”里喝着餐前酒相谈甚欢的受邀来宾，也开始往两国首长所在的缪拉厅移动。

“缪拉厅”名字的由来是为了纪念若阿尚·缪拉副官，他在拿破仑时代立下了许多功勋，后来与拿破仑的妹妹卡罗琳·拿破仑结婚。这个大厅本来是舞厅，现在每逢周三便成为内阁开会的会议室。大厅里最显眼的是从天花板垂吊下来的五盏大型吊灯，那是缪拉特别订制的，而长沙发和有手把的椅子都属拿破仑第一帝政时期的东西。靠墙壁有一个大型洛可可样式的书架，是比拿破仑时期更早的约18世纪初的古董，本来放在凡尔赛宫，是路易十六的爱用品，后来才搬到爱丽舍宫来。大厅西侧墙壁上挂着一幅描绘金字塔耸立于尼罗河畔的风景画，这是19世纪后半叶第二帝政时期的作品。总之，这是一间饰满18世纪初到19世纪后半叶家具、艺术品的大厅。

“介绍仪式”就以金字塔风景画作为背景来进行，由左而右顺序排列着密特朗总统、伊丽莎白女王、菲力浦亲王、达妮埃尔夫人，受邀者依唱名的顺序慢慢前进，从密特朗总统开始依序握手致意。

这个“介绍仪式”非常隆重繁琐，一直到60年代末的蓬皮杜总统时代才开始简化。伊丽莎白女王1957年第一次以国宾身份到法国访问的时候，爱丽舍宫为了这个介绍仪式对宾客提出各式各样的要求。筹备晚宴时，会事前告知受邀者寒暄的礼仪、应着的服装等。邀请函里钜细靡遗地写着：“‘介绍仪式’中，女性受邀者向英国女王陛下行礼时，务必要行蹲跪礼，同时一定要携带盖过手肘的袖套，不管遇到什么的状况都不可以脱下手套，这是英国皇室的传统礼仪，没有任何的阿谀、屈服的意思。”“关于蹲跪礼，首先上半身要保持挺直，身体慢慢地往下蹲，左膝弯曲直到快要碰到地面的高度为止，这时候头要微微上扬，视线朝下，在行完礼站直之后视线才可以与女王陛下相接。”

特别强调蹲跪礼致意的方式并没有任何屈服或是奉承的意思，刻意拒绝的话反而很奇怪。这种解释对革命推翻王政、并将国王送上断头台的法国来说，根本就是为了掩饰自己仍然崇尚王室礼仪而编造的借口。在邀请函的注意事项中，连受邀来宾身上的装饰品都有规定，例如要求女性来宾“有王冠型发饰的人，请尽量戴着出席”。事隔多年，这一次晚宴中所有繁冗的指示全部都取消了，虽然女性受邀者当中也有照着传统蹲跪礼仪来致意的，但那都是发自内心的尊崇。

晚宴在“庆典厅”举行，此厅位于“缪拉厅”后面，是爱丽舍宫中最宽敞的一间大厅。由于它实在太大，破坏了爱丽舍宫全馆左右平衡的协调性，独自突出于中庭占掉一大块空间，这种不自然的结构，都是1889年万国博览会的时候改建的结果。改建完成是在万国博览会刚开幕后的5月10日，博览会期间用作举行欢迎各国元首的宴会场所。

本来这间大厅的设计是没有窗户的密闭式空间，经过了一个世纪，到1984年的时候，为了使大厅能更方便地利用，密特朗总统要求彻底改装，室内装潢基本没有改变，但是墙壁整个打掉，加装上法式的玻璃拉门，白天从大厅里看得到庭院中的盎然绿意和明亮的阳光，夜晚借由照明所产生的树影摇曳，透过大窗全都映入大厅里。

受邀者在结束“介绍仪式”之后，依序往“庆典厅”移动，依指定位置坐下，全部就座后，司仪宣布“晚宴开始，欢迎法国总统和英国女王陛下”。在军乐队轻声流畅的奏乐之下，仪典长领着两国元首夫妇进场，密特朗总统牵着伊丽莎白女王的手先进入会场，后面接着达妮埃尔夫人挽着菲力浦亲王，来宾全都起立表示欢迎。当全场来宾都坐定后，穿着燕尾服的侍者开始捧着酒和餐点进场，宴会正式开始。

这天，筵席的菜单如下：

～餐　点～

鹅肝馅饼，佐以索甸风味肉冻

带骨的背部小羊肉烤肉，佐以无花果

欧芹风味马铃薯

乳酪

甜点

～酒与香槟～

酒

伊甘酒庄　1981 年

拉图酒庄　1978 年

香槟

克鲁格（Krug）大瓶装　（克鲁格酒厂出产）

鹅肝酱搭配的是波尔多葡萄酒中的逸品——伊甘酒庄，浓稠的口感中带点甜味，常被用来搭配甜点，但是与鹅肝酱配合出来的味道，公认是最完美的组合。第一章曾经提到，中国国家主席江泽民访问法国的欢迎宴上，搭配前菜鹅肝酱的也是这款酒。

用来搭配主菜的，是更高一等的波尔多酒——拉图酒庄，这是波尔多省中最有名的葡萄产地梅多克地区当中，被列为第一级的酒中珍品[①]。一般说来，波尔多酒入口柔顺，被人比喻为女人，但是拉图酒庄却劲道十足，有男性的刚烈。从酿造的年份来看也是相当不错的，在 1992 年开栓来喝的时候，已经在酒窖里存放十四年了，但是拉图酒庄的熟成过程很缓慢，开瓶之后喝起来一点都不觉得衰弱，反而有一种凝结起来的劲道。

拉图酒产于梅多克地区的波亚克村，主厨表示主菜当中的羔羊肉也是波亚克村所产。在法国，波亚克村的羔羊肉配拉图酒是美食家公认的完美组合。

一般来说，爱丽舍宫飨宴中与前菜搭配的以勃艮第酒居多，而和主菜搭配的总是波尔多酒，但是前菜与主菜都用最高级的波尔多酒来搭配比较特别，可能是因为英国对波尔多酒的造诣深厚的关系。从12世纪初开始，历经了三个世纪以上，波尔多地区一直是英国的领地。百年战争时法国战败，割让波尔多地区给英国，这期间由波尔多港每年大量输出红酒到英国，因此英国人对波尔多酒有特别的偏好，即使到现在波尔多酒在数量和营业额上最大的输出地仍是英国。

其次，波尔多酒当中特别是搭配主菜的拉图酒和英国的渊源格外深厚。现在拉图葡萄农庄一带遍布广阔的农园和城堡，一直以来是法军和英军互相争夺的兵家之地，而拉图酒庄的名字就是从法语"城堡"得来，这在酒瓶标签所描绘的城堡图当中可以得到证明。百年战争末期，法国和英国双方各自留下了许多英勇传记和轶事，在法国有圣女贞德的英勇抗敌，在英国则是大文豪莎士比亚基于当时的史实写的《亨利六世》。英国人离开拉图酒庄后，很长的一段时间这里都是由法国人来管理，但在第二次世界大战后，葡萄酒制造商博蒙家族（Beaumont）在1963年经济发生危机，没办法继续维持生意，于是把农庄卖给了英国的皮尔森（Pearson）家族。

在法国的文化和历史中占有重要地位的葡萄农庄被让渡给外国资本的这一事件，让法国政府极为敏感，所以后来另一种高级的波尔多酒"玛歌酒庄"（Chateau Margaux）要从原来的所有者手中转移资产的时候，法国政府马上出面干涉，拒绝美国酿酒公司的资本介入。而当初拉图酒庄事件虽然最初也受到法国政府为难，但最后还是由戴高乐总统出面解决，决定让给英国公司。

在前菜及主菜当中连续出现最高级的红酒之后，搭配甜点的克鲁格香槟又是另一个高潮。在爱丽舍宫的飨宴中，只有国宾筵席才有机会见识这一款酒，并不是随随便便拿出来招待客人的东西，直到目前为止，只有在之前介绍过的招待布什总统的国宾晚宴上才出现过。

爱丽舍宫的品酒师纪尧姆先生表示，“不管是从味觉、价格或是市面上一般的评价来说，克鲁格酒都是用来招待最高层级国宾的唯一选择，虽然并没有明白规定某人出席的时候一定供应这款酒、某人出席的时候不供应，但大概暗地里早都决定好了。”

克鲁格酒厂是家族事业，而这个家族在基督教社会中属于很稀有的新教徒家系，他们恪守从劳动中肯定自我价值、严禁浪费、厉行节约这三个家训，以专业的技术酿造香槟，精湛的品质受到众人肯定。在酿酒过程中一定采用最上等葡萄的第一道榨汁，在第一次发酵的时候一定使用三十年以上的木制酒槽——顺带一提，第一次发酵就采用木制酒槽的酒厂，除了克鲁格酒厂之外，另外只有布兰杰（Bollinger）酒厂会这样做——为了这个近于顽固的坚持所花下的工夫，是其他酒厂怎么也比不上的，而第一次发酵完成后如果酿的味道不对，马上倒掉一点，丝毫不觉可惜。就是因为这样严格的管理过程，克鲁格香槟味道熟成的期间比其他酒厂生产的香槟要来得长，年生产量只有五十万瓶，不到大型酒厂生产量的一成，当然价格也比其他酒厂贵了许多。

整体看来，无论前菜或是主菜搭配的酒，在等级上都是最高等的极品，再加上“仅限于大人物才会招待的”克鲁格香槟，这样的菜单在爱丽舍宫算是顶级中的顶级。但是仔细一想，英法两国的政治关系并不如德法那样紧密，对欧洲统合的步调也不一致，为什么法国将伊丽莎白女王的政治地位抬得这么高呢？历任总统对伊丽莎白女王款待的情形，执行长达韦纳先生做了这样的说明："从20世纪初开始，法国和英国一直保持着同盟的关系，共同为了自由和民主主义而战，即使在第一次世界大战、第二次世界大战期间，法国遭到敌国侵略，英国总是毫不犹豫地伸出援手，而英国仗义相助最大的推手就是王室成员，这一点法国政府铭感于心，所以一直以来英国王室总是受到法国最隆重的招待。"

在百年战争和拿破仑时代，英法两国为了争夺欧洲霸权，虽然有数次战火发生，但是这样争夺不休的历史在1843年路易·菲力浦国王执政期间维多利亚女王的一次亲善访问中画下了休止符。这次两国元首的会谈是三个世纪以来头一遭，双方定下"英法协商"（法语发音的意思是发自内心的约定），相约要永久维持良好的关系。1904年两国缔结邦交，从此以后两国互相协助的关系都称为英法协商。

正如达韦纳先生所说的，从维多利亚女王之后，在英法协商的落实与强化中，英国王室一直扮演着重要的角色。欧洲大陆风起云涌的前夕、第一次世界大战前的1914年，英国乔治五世访问法国，再次确认两国将互相协助共渡难关。另外，在第二次世界大战前的1938年7月，英国国王乔治六世也造访法国，强调英国将依照协商内容给予法国支援。

像这样每逢危机英法两国总会互相帮助的历史纪录，并不只是过去式，现在仍然保持着默契。柏林墙倒塌后一个月，1989年的12月，在法国斯特拉斯堡召开的欧洲共同体首长会议当中，密特朗总统突然提出要和撒切尔夫人二人单独会谈，这样私下的会谈总共有两次，议题都围绕着东西德统一的问题。当时的西德总理科尔四处奔走忙碌，为的就是达成合并东德完成德国统一的大业，但是眼前这个即将统一壮大的德国，对法国来说难免有种种顾虑。在两人的单独会谈中，密特朗总统特别提起历史往事，并且吐露心声："法国过去经历种种重大危机的时候，总是能和英国建立起紧密关系渡过难关，而现在，似乎我们将再一次面临这样的时刻。”一个月后，1990年1月，两人再次举行会谈，并且更具体地从政治、军事防卫等各方面商谈彼此的分工。但是，德国的统一最后还是成为无法遏制的趋势，英法两国费尽心机延迟德国统一的联合机制并未发生作用，究其原因，会发现两国并不如预期般立场一致，甚至在撒切尔夫人的回忆录中曾提到，密特朗总统虽然对德国统一表现出极端的危机意识，但另一方面又不放弃与德国亲密的枢轴外交政策，这种摇摆的态度才会造成失败。

尽管如此，法国和英国之间的特殊关系还是不能小觑，一旦有什么危机发生，两国还是打心底互相支援，而维系这种特殊关系的主角其实还是英国王室。在国际政治舞台上，无论意见有多大分歧，或是发生多少次争论，都有英国王室在中间缓和争端，加深彼此的理解。

伊丽莎白女王以国宾身份访问法国的两年后，1994年5月6日，英法海底隧道开通，并在法国加莱市举行通车典礼。伊丽莎白女王和菲力浦亲王从伦敦出发，乘坐通车以来第一班列车以公宾身份再次访问法国，密特朗总统和达妮埃尔夫人亲自前往迎接。伊丽莎白女王在典礼中起身向来宾答礼，并且发表了下列的演说：

“英法两国在历史上一直都相互争执、纷争不断，但是最近几年来，两国化解对彼此的误会，为了自由和民主主义互相提携，合作无间，不过两国的国民性毕竟还是有差异。若是英国人的实用主义和法国人的热情能结合一体，究竟会产生怎样高贵美妙的力量呢？我想，答案现在就呈现在我们的眼前了。”

典礼结束之后，由密特朗总统主办的午餐会在加莱市政府大厅开始举行，菜单如下：

~餐　点~

海峡隧道式清蒸多佛比目鱼，佐鹅肝酱

醋渍鸭脊肉，蜂蜜淋酱

乳酪

冷冻蛋奶酥和松饼

~酒与香槟~

酒

科尔登·查理曼　1990 年　（宝尚父子酒厂）

拉图酒庄　大瓶装　1971 年

香槟

香槟王　1986 年　（酩悦香槟酒厂）

前菜的清蒸比目鱼排成环状，中央填满鹅肝酱，这是特别为隧道开通而设计的一道菜，搭配勃艮第的科尔登·查理曼白酒，这款酒在招待布什总统的时候也出现过，属分级制度中的“特级”，是白酒中难得的精品。

搭配主菜鸭肉所用的拉图酒庄是波尔多梅多克地区分级制度中的“第一级”酒，和两年前以国宾身份来访在爱丽舍宫所用的酒相同，差别在于酒的年份，这次是1978 年产的，比上次多陈酿了七年，另外，酒瓶是容量 1.5 升的大瓶装。这种大瓶装的葡萄酒熟成得较慢，在质感上比较均衡，饮用之前已经存放了二十三年，味道却一点都没有减弱。

从招待伊丽莎白女王的筵席看来，以国宾身份出席和以公宾身份出席的差异并不明显，前后两次招待的酒都是最高级的名品。而这次的香槟是香槟王，与国宾身份出席时的克鲁格香槟比起来，不管在味道或是香味上都不分轩轾，顶多只有喜好不同的问题。但是从另一个观点来看的话，爱丽舍宫的克鲁格香槟一直都是只有在招待最高身份的来宾时才会呈上的名品，就这一点还是可以分出国宾和公宾的差异。

同样是公宾，元首、皇族、首相等政治阶层各不相同的来宾所受的待遇和宴会菜单的等级到底有什么不同？我们可以试着来比较看看。最容易的比较方式，就是观察英国的查尔斯王子、黛安娜王妃夫妇和撒切尔夫妇这两组公宾的筵席菜单。

查尔斯王子、黛安娜王妃的欢迎晚宴是在 1988 年 11 月 7 日举行，受邀者共有一百四十人。当时两人携手抵达爱丽舍宫的飨宴会场，说来讽刺，这次竟然是两人最后一次同行，之后两人分居，每次双方都是独自到法国进行访问，两人同行的画面从此成为往事。

以下是当时的菜单：

餐 点

兰德地方的鹅肝酱馅饼

乡村风味烤小羊腿肉

秋天时令蔬菜沙拉

乳酪

巧克力派饼

酒与香槟

酒

拉佛瑞·佩拉酒庄（Chateau Lafaurie-Peyraguey） 1975 年

金钟酒庄（Chateau l'Angelus） 1970 年

香槟

玛姆·铎·玛姆（玛姆酒厂）

拉佛瑞·佩拉酒庄属于波尔多地区索甸村的甜白酒，此种白酒搭配鹅肝酱最适合，招待伊丽莎白女王的前菜也有鹅肝酱这一道菜，同样搭配索甸村的甜白酒，等级是“一级特级”的伊甘酒庄白酒。比起来，王子夫妇用的拉佛瑞·佩拉酒庄差一个等级，属于“第一级”酒。搭配主菜的金钟酒庄是波尔多圣艾米隆地区的红酒，所属等级是由上算下来第二等的“特级”酒。

接着我们来看看招待撒切尔夫人的午宴菜单。这次宴会比查尔斯王子、黛安娜王妃的晚宴早五个月，在1988年的6月10日举行。

参与宴会的除了有密特朗总统和英国首相夫妇之外，还有两国的阁员、幕僚等，大约十个人左右，性质属于实务性商谈的宴会。

餐　点

鳌虾和奶油焗白菜

烤鹌鹑淋奶油洋葱汁

沙拉

蒙莫朗西冷冻蛋奶酥

酒与香槟

酒

夏山·蒙哈榭（Chassagne-Montrachet）　1982年

（杜鲁安[Drouhin]酒厂）

碧尚拉龙酒庄（Chateau Pichon Longueville Comtessede Lalande）　1978年

香槟

玛姆·铎·玛姆　1982年　（玛姆酒厂）

搭配前菜的勃艮第夏山·蒙哈榭白酒，在分级上属于村名酒。比较起来，由于查尔斯王子、黛安娜王妃的晚宴中前菜有著名的鹅肝酱，所以搭配甜白酒。而这一次的前菜是淋上奶油酱汁的鱼贝类，所以搭配辛辣味白酒，1982 年的年份算是不错的酒，但有趣的是招待撒切尔夫人的餐宴上竟然没有鹅肝酱！读者可能会注意到，爱丽舍宫中最高级的鹅肝酱，常在高层聚集的场合或是大张旗鼓的仪式宴会中出现，而这一次却在撒切尔夫人的筵席上缺席。由此可知，同样是公宾，皇室成员和首相待遇还是有些差别。但话说回来，也可能是因为撒切尔夫人在爱丽舍宫用餐的次数太多，为了避免餐点一再重复，才考虑换一些不同的菜色吧。

爱丽舍宫接待撒切尔夫人的时候绝对不可能马虎，看主菜所搭配的波尔多红酒就知道了，碧尚拉龙酒庄是梅多克地区盛产“第一级”酒的三大葡萄酒庄中的一个。波亚克村所产的酒，与拉图酒庄产地相连。虽然在分级上属于“第二级”，但是味道丰富劲道十足，在“第二级”中算是最上等的。而说到香槟，玛姆·铎·玛姆是用 1982 年丰收的葡萄所制造的上品香槟。

以上就是两对来自英国的公宾筵席等级的比较，和伊丽莎白女王的国宴相比，看得出有明显差距，因为爱丽舍宫在查尔斯王子夫妇和撒切尔夫妇的筵席上都没有呈上最高级的美酒和香槟，从这里就可以看得出来，爱丽舍宫对来宾是有绝对明确的等级划分的。

那么，查尔斯王子夫妇与撒切尔夫人夫妇之间又有什么差别呢?同样以公宾身份访问，终身制皇族在排序上还是略胜一筹。从前菜的鹅肝和上等的名酒这几点来看，就知道查尔斯王子夫妇的地位确实较高。虽然如此，招待撒切尔夫人的宴会规模和其他首相的宴会相比绝对是最好的，比如，用来招待撒切尔夫人的是“第二级”的名酒，这在其他国家首相的筵席上是不可能出现的。

独厚撒切尔夫人的原因，是因为她从1979年就开始执政，是当时西方先进国家各首长中执政最久的。而且密特朗总统对她有特别的评价。密特朗总统和撒切尔夫人在政坛上常是被拿来互相对照的领导者，虽然在政治的意识形态上相左，一位是社会主义者而另一位是保守主义者，但双方都认为彼此是个旗鼓相当的雄辩家。撒切尔夫人在会谈中激动起来的时候，会不自觉往前靠近，眼神由下往上死盯着对方，身体整个往前倾。根据爱丽舍宫的工作人员描述，撒切尔夫人和密特朗总统会谈的时候大概是这种情形："从大厅的一隅观察会谈的情形时真会吓一大跳，因为乍看之下撒切尔夫人好像身体紧靠密特朗总统，并且一直凝视着对方的眼睛，一般的男人要是被女性这样近距离凝视大概都会退避三分吧，但是密特朗总统却一点也不显得畏缩，以堂堂的姿态回应。"一位爱丽舍宫的职员偷偷对我描述。

撒切尔夫人在回忆录中提到："密特朗总统是位沉静冼练、自我意识强的精英分子。"并且明白指出密特朗总统是她私底下非常欣赏的人物。撒切尔夫人从1979年开始执政一直到1990年11月为止，而密特朗则是从1981年5月开始到1995年5月为止担任总统的职务，两人执政时期重叠了九年半之久，而这九年半之间，历经了巅峰之后又迅速崩溃的冷战局势，共度所谓的欧洲动荡期，关于欧洲的统合政策、对前苏联总统戈尔巴乔夫的经济支援、德国的统一问题等等，都是两人一同携手协力来解决的。

如果仔细一点，会注意到先前列举的菜单中并没有乳酪这一道菜，关于这一点，执行长达韦纳先生解释：那是因为考虑两人的讨论可能导致用餐时间拖得太长，所以事前刻意删减了一道菜。

但即使是热衷讨论，撒切尔夫人对于餐点并不是毫不留心，在首相的回忆录中，有不少段都提到参加筵席的过程，并且明白表示自己有收集菜单的兴趣，在外国的宴会中一定会将放在餐桌上的菜单带回去，其中，备受首相赞赏的，就是法国的筵席。

撒切尔夫人和密特朗总统虽然惺惺相惜，但是两人之间还是常会发生争论，其中最明显公开的一次，是在1989年7月巴黎举行七国元首高峰会议的前夕，原因是密特朗总统刻意将高峰会议的时间安排在法国大革命两百周年纪念日前后，而撒切尔夫人在出发前往巴黎之前接受法国电视台访问时，无意间被问道："您认为人权概念是从法国大革命中产生的吗?"她直率地回答："法国大革命并不具普遍性的意义，严格说来，人权概念应该是从基督教、犹太教中衍生出来的，没有任何国家可以独占，真要提到人权概念的诞生的话，英国早在1215年的《大宪章》中就有这样的观念了，而17世纪的清教徒革命也比法国早实现议会政治。实际上，法国大革命时代实行的是恐怖政治，之后的拿破仑又以武力侵略欧洲企图统一，像这样国家以断头台和侵略手段剥夺个人权力的行为，实在是不能容忍的。"

密特朗总统接着在其他的访问中做了这样的反击："任谁对自己的国家都会有偏袒，的确英国的清教徒革命是比法国大革命发生得早，但这场革命只对它本身有意义，带来的影响也只限于英国国内。相对地，法国大革命传达一些人性本质的意义，因而影响遍及世界各地，力量源源不绝。"

密特朗总统在高峰会议开幕前举行法国大革命两百周年纪念仪式，典礼中邀请了菲律宾等发展中国家的元首和出席高峰会议的各发达国家领袖，撒切尔夫人也应邀出席，因而提早到了巴黎，法国媒体追问："您对于法国大革命评价不高，为何还出席典礼仪式?"首相做了这样的回答："对法国来说，法国大革命是件大事，我们作为法国的友人出席是应该的。"

两人在高峰会中持续着表面的应酬，直到最后一天闭幕仪式上，撒切尔夫人带了一本英国作家狄更斯的小说《双城记》送给密特朗总统，这本叙述法国大革命时期恐怖政治下动荡不安的法国和平静的英国社会形成强烈对比的小说，让撒切尔夫人幽默地打了密特朗总统一拳，同时结束法国大革命话题的争论。

7月15日，在卢浮宫美术馆的中庭、刚落成的玻璃金字塔帷幕中，六国领袖和欧洲共同体的委员长接受密特朗总统的晚宴款待，担任这次筵席负责人的是来自法国南部欧什市的法国餐厅主厨，安德烈·达扬先生（这个餐厅在1996年出版的米其林美食指南书中获得一颗星的评价）。撒切尔夫人在回忆录中提起当时的筵席赞不绝口："以前从未吃过那么好吃的菜。"当时的菜单如下所述：

～餐　点～

鸭肉，佐以鸭肝冻

火烤鲑鱼串，佐以香草熏鸭

红白肉各一道

焦鸭皮佐以干羊乳酪沙拉

几何学图案的甜点

～酒与香槟～

酒

哥伦巴　安德烈·达扬

碧尚男爵　大瓶装　1928年

香槟

香槟王　1959年　（酩悦香槟酒厂）

七国高峰会议与法国大革命两百周年纪念同时举行的这段时期，

从世界各地三十余国家前来的领袖全都聚集在巴黎，一连几天的午宴和晚宴不可能完全由爱丽舍宫负责，所以从法国各地请来一流餐厅的主厨，分别担任各宴会的负责人。这个构想是由统筹所有宴会的执行长达韦纳先生和仪典长安德烈·加德先生提出的。活动的最高潮，就是这场密特朗总统邀请六国领袖和欧洲共同体委员长参加的晚宴，必须严格挑选负责晚宴的主厨，而达扬先生是执行长达韦纳先生的旧识，达韦纳先生以前就对他的手艺非常有信心，因此指名他作为这场宴会的主厨。

“三个月前执行长就和我商量这件事了，这对谁来说都是一件崇高的荣誉，当然没有拒绝的理由，但是正因为如此，光是设计菜单就花了我整整一个月的时间。”

这次的晚宴打破以往的惯例，餐点和搭配的酒、香槟全都交由达扬先生一人负责。而擅长野鸭肉的他，从前菜到甜点都用了鸭肉当作食材来设计整个筵席。

前菜之前有一道鹅肝酱开胃菜，接着才是由鲑鱼、蕈类、野鸭肉串在一起的烤肉串作为前菜，之后主菜的“红白肉餐点”中，白是用阉鸡肉，红则为野鸭肉，两者烧烤之后淋上掺醋的酱汁，就成了一道上品。接下来的沙拉，是在蓝乳酪当中洒上烤得酥脆的鸭皮碎片。最后，连甜点都可以和野鸭肉结合，做法是在李子酱和冰淇淋当中，放入鸭皮沾果糖烤成的甜味脆棒。

再来谈到饮料，哥伦巴是法国西南部加斯康涅地区的葡萄品种制成的白酒，这种葡萄同时也是制作白兰地的原料，达扬先生特地请当地的酿造家酿制搭配鸭肉和鹅肝酱的酒。接下来是搭配主菜的碧尚男爵酒，生产年份是20世纪最优良的1928年，品种与之前宴请撒切尔夫人的碧尚拉龙酒庄接近，因为葡萄园相邻，两种酒在很早以前可能出自同源，而光从年份来看就知道是极为珍贵的酒，平常几乎没机会看到。

“农庄的主人约翰·米歇尔·葛兹先生是我的朋友，我拿出这次筵席的菜单给他看，请他想想要搭配哪一种酒才好，没想到他说‘既然是那么重要的宴会，就用我珍藏的酒好了’，他很大方地让出八瓶给我，这些酒开瓶饮用时，已经是储存六十一年之久的老酒，由于都是1.5升大瓶装，可以安定平稳地在瓶中慢慢熟成，味道香醇没话说，和菜肴搭配起来真是好得无法用言语形容。”达扬先生对这款酒赞不绝口。

接下来的香槟王也是大丰收时的极品。

达韦纳先生后来描述宴会当时的情形：“晚餐结束后，主厨出来和大家致意时，各国元首们异口同声对菜单称赞不已，特别是以鸭肉为主的菜肴，从开始贯穿到最后，让首长们啧啧称奇，这次菜单的设计对爱丽舍宫来说实在是一种冒险，但结果却出乎意料地成功。”

受邀参加这场飨宴的撒切尔夫人后来在回忆录中记录了这么一段有些讽刺的话：“若是有些传统不小心被革命破坏的话，法国人大概会悔恨终身吧！”

注　释

① 梅多克地区是波尔多当地著名的优良产酒区，1855年与索甸·巴萨克地区共同获得拿破仑三世的青睐，开始进行葡萄酒的分级制度。获得分级中最高等的“第一级”荣誉的有五个葡萄农庄，生产的酒可说是名酿中的名酿。这五个葡萄农庄分别是拉菲—罗斯柴尔德、玛歌、拉图、奥比昂（属于格拉夫区）和木桐—罗斯柴尔德，其中木桐—罗斯柴尔德酒庄在1855年并未选入“第一级”，一直到1973年的时候才列入第一级的名单。除此之外列入“第二级”和“第三级”的分别有十四个农庄，“第四级”的有十个农庄，“第五级”的有十八个农庄，全部加起来总共有六十个农庄都列入分级的标准，而这些农庄的面积占了梅多克地区葡萄农地的百分之二十六。

第九章

昭和天皇与香颂

日本的平成天皇、皇后曾于1994年10月3—8日，以国宾身份在法国做了为期六天的访问。自从1971年蓬皮杜总统时期昭和天皇做过一次非官方性质的访问以来，头一次有日本天皇以国宾的身份访问法国。

昭和天皇那次非官方访问活动中有一段不为人知的插曲。访问活动前，两国进行事务协商阶段时，爱丽舍宫曾提出蓬皮杜总统希望举办午餐会的议案，但日本方面却由负责掌理皇宫事务的宫内厅责成日本驻法大使馆回复："由于本次访问非官方行程，故厚意只敢心领而已。"拒绝了这项提案。此外日本宫内厅还提出要求，希望法方能为天皇夫妇准备好一辆插有日本国旗的奔驰轿车，作为巴黎市内观览时的代步用车。

当时天皇夫妇预定访问巴黎的行程包括蒙马特区、圣母院以及巴黎歌剧院等地。日本驻法国领事馆对宫内厅所提出的要求非常地戒慎恐惧。因为当年还有许多曾经亲身参与抵抗日本入侵印度之战的法国老兵，虽然战争早已结束，但对这些人而言，日本仍是一个不友善的国家。再加上天皇居然回绝了爱丽舍宫的招待，还指定要在巴黎观光时乘坐插有日本国旗、在二次世界大战曾是法国死敌的德国所制造的汽车，恐怕这些都会掀起法国人的仇日情绪。

当时日本大使馆通过外务省报告法国的情况，并强烈要求“希望天皇能接受蓬皮杜总统的款待”。文中还特别强调说爱丽舍宫所举办的欢迎活动，通常对法国当地的媒体有着不可忽视的影响力。

爱丽舍宫为外宾或国宾所举办的欢迎活动，是属于一般人无缘参与的外交活动，因此它的重要性常被不懂法国国情的人所忽略。其实这项外交礼仪绝非外界所想象的那种既公式化又俗套的把戏。法国大众通常都是以国家接待外宾的餐宴水准来评判受邀国在政府心中的地位。爱丽舍宫是否倾全力做了欢迎准备，或是马马虎虎虚应故事，还是根本就完全忽视接待这回事，不同的做法会使法国人对受邀国产生完全不同的印象。法国大众通常都是从总统的迎宾演说、宴会的盛大与否、接待礼仪的周到程度，以及媒体的报道方式等等为材料来判断爱丽舍宫对待受邀宾客的诚挚程度。虽说仅是非官方行程，但毕竟是天皇于第二次世界大战后第一次访法，因此爱丽舍宫才善意地提出举办欢迎午餐会的邀请。若是日本方面没有善意回应的话，对两国的关系无异是雪上加霜。面对日本驻法使馆这样的报告，宫内厅最后还是决定接受法国方面的午宴邀请了。

说到爱丽舍宫的迎宾规模可以左右法国大众对于受邀国看法，1994 年 10 月平成天皇夫妇的访法之旅可说是两国外交记录史上的一次典范。法方提出了盛大的迎宾礼，当时法国各家媒体争相制作日本特辑，以密集且多角度的方式向法国人介绍日本这个岛国。

首先是关于访法期间的住宿问题，爱丽舍宫特别央求凡尔赛宫出借侧宫之一的特里亚侬宫作为天皇夫妇的下榻居所。原本爱丽舍宫一直以侧殿玛里尼宫为招待外宾的迎宾馆，外借特里亚侬宫为迎宾馆的确是非常特别的国宾才有的礼遇。目前在法方的记录上，除了英国女王伊丽莎白二世外，只有在1992年俄罗斯总统叶利钦访法的时候曾受过相同的礼遇。

最后日本是以特里亚侬宫到爱丽舍宫距离遥远，光是单程乘车时间也需三十分钟，万一遇上塞车的话，时间就难掌控，这一理由加以婉拒。不过却可由这件事得知法国方面对于款待的热忱与重视。

天皇夫妇到达法国的当天晚上，爱丽舍宫在"庆典厅"举行了盛大的接风晚宴。出席者共有两百四十人，与两年前英国女王伊丽莎白二世的欢迎晚宴规模相当。不过通常总统的迎宾演说都是在晚餐接近尾声、开始上甜点与咖啡的时间举行，但那次总统却在晚宴一开始时就上了讲台。

当时出席盛宴的日本驻法大使松浦晃一郎曾对站在台上的密特朗总统做了如下观察："通常密特朗总统在演说的时候都是不用看稿的，但是这次总统在演说时不仅频频看稿，而且脸上还露出少见的紧张感。"

其实事前日本方面已经接到了爱丽舍宫传来的总统演说稿，松浦大使之所以会在演说的时候注视总统的表情，与讲稿内容多少有些关系。密特朗总统在演说中提到："在日法两国的历史中，这是天皇陛下头一次以国宾身份造访敝国。记得陛下曾在1953年时以皇太子身份出席英国女王伊丽莎白二世的登基大典，并且绕道巴黎做过非官方性质的访问。虽然我们在那时做过简短的交流，但却一直遗憾无法与皇太子做进一步深谈，此次陛下再度光临，我们不仅感觉非常地荣幸，更在此致上敝国十二万分的谢意。"

此时总统转身向美智子妃继续说道：

"敝人第一次以法国总统的身份访问日本时是在十二年前。之后更是与贵国接触频繁，每次造访贵国时都深深感受到皇后陛下真心款待的热忱。趁着本次机会，也请皇后陛下好好体验一下敝国国民是如何地欢迎您们吧。"

密特朗总统在致完迎宾辞后，话锋一转，直接把主题切入核心，说起两国在国际舞台上所谓合作关系的问题。

“本人以为，为了促进联合国安理会的改革，日本应该成为常任理事国的一员。我们需要日本这位盟友，日本也需要全世界的认同。本人期待今后日法两国间的友好交流能够更为频繁且根深蒂固。”

当时正值法国左右派共治时期，总统的专辖是外交与国防。密特朗总统在演说中表明了法方对日的政策，就是无条件地支持日本争取联合国的常任理事国席位。其实早在日本天皇访法的五个月前，日本羽田首相就曾经借着正式访法的机会，游说法国表态支持日本争取联合国的常任理事席次，但是当时法国并未有任何善意回应。想必是借由这次日皇访法的机会，来表明法方在外交上的支持立场，也算送给天皇的一个友好见面礼吧。

天皇说完答礼辞，全体人员在香槟举杯祝贺下开席。当日的菜单内容如下：

~餐　点~

炒扇贝，佐以温牡蛎

蜂蜜风味煎雏鸭胸肉，佐以无花果

另备蔬菜盒

乳酪

草莓派饼

~酒与香槟~

酒

夏山·蒙哈榭　1985 年（马赫奇·铎·拉吉休酒厂
[Marquis de Laguiche]、杜鲁安酒厂[Drouhin]）

拉图酒庄　1978 年

香槟

香槟王　1985 年（酩悦香槟酒厂）

主厨诺曼在餐毕后解释道："我的创作灵感是以号称海鲜美食大国的日本风土为参考。"在前菜中以扇贝与鲜蚝为主题，应该就是这个因素吧。根据主厨的说明，主菜的做法是将雏鸭烧透后，不断地在表面以刷子涂上蜂蜜酱汁。他透露说，淋在这道菜上的酱汁中，还加了酱油来提味。至于蔬菜盒则是将烧好的蔬菜放在模型中做出美丽的圆顶状。

在前一个章节中我们曾经提过，与前菜搭配的夏山·蒙哈榭白酒，当年曾招待过英国首相丘吉尔，但是以内容来说，这次招待天皇的酒更上一层楼。这是采用马赫奇·铎·拉吉休酒厂种植在最佳葡萄田上的葡萄、再由杜鲁酒厂酿造而成的酒中极品，在质量上与一般夏山·蒙哈榭酒大不相同，因为后者是收集了许多葡萄田所生产的葡萄后共同酿造而成的。由于这种酒是由两家酒厂共同制造，所以将两家酒厂的名字共同列入菜单中。另外与主菜搭配的是号称波尔多地区顶级的拉图酒庄，无论是品牌或年份都和当初招待英国女王的相同。还有就是香槟王，是酩悦香槟酒厂在 1936 年为庆祝在英国成立百年所制造的纪念酒，本款酒也是该酒厂的招牌商品。

用餐完毕后，密特朗总统因为癌症宿疾而提早退场休息，留下天皇夫妇与其他宾客在法方招待人员的导引下，移往"冬庭"另做欢谈。

不过法国友好的待客之道却不止于此，在天皇夫妇离开巴黎赴地方视察的 6 日中午，密特朗总统在爱丽舍宫内再度为这两位国宾举行了一次私人性质的非官方午宴。在爱丽舍宫内，以非官方餐宴的方式招待国宾是非常少见的，最近几年中，仅在1992年6月时招待过伊丽莎白二世而已。

非官方的私人午宴是在爱丽舍宫的“肖像厅”举行。与上次晚宴一样，由于总统夫人达妮埃尔身体不适，所以当天的餐桌旁仅有天皇夫妇与密特朗总统三人。

当时的菜单内容如下：

～餐　点～

布列塔尼龙虾，佐以蔬菜

小羊腿派饼

西洋芹蒸马铃薯

乳酪

蜂蜜果仁糖冰淇淋

～酒与香槟～

酒

蒙哈榭　1985年　（宝尚父子酒厂）

木桐—罗斯柴尔德酒庄　1966年

香槟

克鲁格　大瓶装　（克鲁格酒厂）

法国官方与非官方餐宴的差异，还表现在餐桌服务顺序上的不同。在官方餐宴上，总统与主宾一定是首先上菜的对象，之后才会轮到各位宾客。但是在这次非官方餐宴中，上餐点及葡萄酒的顺序先从美智子妃开始，其次是天皇，最后才轮到总统自己。这场餐宴在欢愉和谐的气氛中进行，美智子妃在餐中甚至还担心地问及总统的健康状况。

其实法国在1992年就宣布了密特朗总统罹患前列腺癌的消息。虽然检验结果上写的是“属于老年性疾病，病情恶化迟缓”，但是天皇访法时密特朗已经无法掩饰病容了。当时法国媒体甚至流传密特朗只等1995年5月任期一满就立刻退休的传言。密特朗总统有空时会在爱丽舍宫内接受点滴与放射性治疗，在公开场合中已显露出日渐稀薄的头发及凹陷的双颊，即使一般人也可感觉到他与癌症奋战的艰辛与不易。

面对美智子妃的关心，密特朗总统露出轻松的笑容，并且坚定地回答：“我绝不会向病魔屈服的。”说话的时候还促狭地用右手握拳做了个加油的动作。

当天的前菜采用布列塔尼的特产龙虾，与此搭配的是产自勃艮第的特级蒙哈榭辣口白酒。这种酒曾被法国作家拉伯雷称赞为“上帝的恩赐”，产量非常稀少。用布列塔尼特产龙虾搭配蒙哈榭，向来是美食的黄金组合。

与主菜搭配的酒是波尔多梅多克地区所产酒类中名列第一级、并为五大酒庄之一的木桐一罗斯柴尔德酒庄，1966年份，也是20世纪品质最好的年份之一。这种酒在众多佳酿中算是成熟时间较长的，从收成到入喉已历经二十八年入窖的历史，已达到完美的甘醇境界。品酒师纪尧姆先生对这种酒的评语是：“这款酒的凝缩力、香气与味道都已达到完美的境界。”

据说对于宴会上酒类的选择，密特朗总统曾经下过指示：“为了让天皇夫妇完全了解法国葡萄酒的甘美，应该仔细选配餐宴用酒类。”“由于总统有这样的命令，所以着实考虑过一阵子后才决定了酒单。”纪尧姆先生说道。

木桐一罗斯柴尔德酒庄在1853年由英国贵族罗斯柴尔德家族收

购，但是两年后的1855年，在梅多克地区举行的酒类分级评鉴大会上，这个酒庄的酒却被排除在“一级酒”之外，被贴上了“二级酒”的标签。当时的“一级酒”包括法国罗斯柴尔德家族名下的拉菲—罗斯柴尔德和玛歌酒庄、拉图酒庄及奥比昂酒庄四大酒庄。据说在当时，无论是品质还是口碑上木桐—罗斯柴尔德酒庄的产品都不输给其他四大酒庄，于是让人怀疑这样的评鉴结果是否是因为大会对英国系罗斯柴尔德家族有民族上的差别待遇。

英系罗斯柴尔德家族得到这样结果后，反而发奋立志要一雪前耻，经过了几代的研究改良葡萄品种后，终于在菲力普男爵手中开花结果。菲力普男爵生于1902年，1922年继承了酒庄后就开始从根本上着手改良葡萄田。 他不但将土质、排水系统大幅改良，甚至连葡萄树都换成更优良的品种。此外，原本都是先在酒庄把酒酿好，然后再送去工厂装瓶，他提议将此模式改为直接在酒庄内的酿酒桶旁完成装瓶作业。

菲力普男爵更注意到了瓶身标签的重要性，他从1924年起委托著名的设计师、画家来为他每年做不同的标签（最初于1924年所采用的是当时立体派设计师让·卡路的画作，这幅作品一直用到1926年）。在艺术、文学以及体育各方面都展现了优异长才的菲力普男爵认为，葡萄酒不仅以色香味取悦人，被品酒人当成艺术品来欣赏，才是最高境界。

皇天不负苦心人，木桐—罗斯柴尔德酒庄终于在1973年时被提升为梅多克地区的一级酒庄。顺带一提，签署这张公文的正是当时为法国农业部长的密特朗总统。为了夺回这个一级评鉴殊荣，罗斯柴尔德家族整整努力了118年。菲力普男爵为了纪念这个得来不易的荣耀，决定用自己所收藏的毕加索大作《酒神的酒宴》来当作那年酒瓶的标签。

可见这次午宴中所端出的木桐—罗斯柴尔德酒庄葡萄酒非常具有故事性，而席上这瓶1966年的标签，是由在比利时有顶级设计师之誉的皮埃尔·亚历克斯坎（Pierre Alechinsky）所绘制的。

最后再以克鲁格香槟作为午宴的终章。爱丽舍宫只有在招待伊丽莎白二世的时候用过同级酒。这次还采用容量较大的大瓶装，不难想象这是一瓶更醇厚的高级货。

与上次招待天皇夫妇的欢迎晚宴相比，无论是前菜所配的白酒、主菜所搭的红酒还是最后结束的香槟，处处都显示了这次私人午宴的等级较高。

在招待国宾的官方晚宴中，爱丽舍宫必须先对各种政治、历史以及现实的利害关系做一通盘考量，因此在招待与法国关系较为密切的欧美各国元首时，晚宴的内容比日本来得好是理所当然的。但是回到总统私人宴会的餐桌上，可以感觉到密特朗总统招待天皇夫妇的尽心尽力，这不禁使人对这位法国总统与日本皇室间的交情与渊源感到好奇了。

简单说来，这样的招待应该可以视为密特朗总统借着餐桌来表达他个人对天皇夫妇及日本皇室的敬意与尊重。密特朗总统以国宾身份第一次访问日本是在1982年。这也是第一次有法国总统以国宾身份访日；1974年，原本蓬皮杜总统有意访问日本，但是却在出发前因为癌症病重无法成行。访问以前，密特朗总统对于日本只有笼统模糊的印象，但是初次访问后，想必密特朗对日本与日本皇室有了新的看法与认识。日本皇室与欧洲皇室气质不同，简朴的生活中带着刚毅的沉稳，而皇室向来又和一般人生活有着不可分离的情感因素，这些特色都给初到日本的法国总统留下了深刻的印象。

那次的访日行程中，还留下了几个令人印象深刻的小插曲。

宫中晚宴时，密特朗总统曾与一名日本皇族女性交谈。由于法国总统的任期长达七年，在一般民主进步的国家中算是异数，所以当时这位在访日前一年五月份才刚当选的新科总统也免不了被人问到这个话题。他说："其实我的兴趣只是读读书、写写东西而已，剩下的这六年任期，我必须将自己当成一只关在笼中的小鸟，忍受没有自由的滋味，这对生性自由的我来说是非常痛苦的。"听到密特朗的这席话，那位日本皇族女性说："那么身为皇族的我，终生都必须像只关在笼内的鸟，又该怎么办才好呢?"面对这样的诘问，善于辞令的密特朗总统竟也一时语塞。

这么一段鲜为人知的插曲，是由非常接近密特朗身边的人所转述的。从这次交谈经验中，总统意识到与日本皇室交往不需要美丽的词藻与高调的清谈，只需真挚的情感就够了。"总统从那时起便了解到日本皇室的真面貌，以及皇室在日本人民心目中的精神地位了。"密特朗总统身边的人如是说。

还有一段插曲让密特朗总统对于皇室有了更深一层的认识。在他结束访日行程准备归国的前夜，照例在法国使馆举行答礼晚宴，他礼貌性地向昭和天皇递出邀请函；左右的人都说，"日本天皇应该没有接受这种邀请的惯例"。因此密特朗总统本人对于天皇是否与会也没有把握。实际上当时日本的宫内厅也是以"无法应允天皇赴使馆参加宴会"为由婉拒，但是昭和天皇却亲赴了这项邀约。

大使馆内的晚宴结束后，会场移往接客厅。当时密特朗总统的访日代表团成员中有一名吉他演奏家，他是总统的友人季·贝阿。大家兴致正高的时候，贝阿以《樱桃成熟时》的香颂曲调邀请天皇一块哼唱。在全体一致的歌声中，天皇也随着曲调哼唱起来。见到这样的场面，当时在场的法国总统特别顾问雅克·阿塔利在备忘录中写到："总统在驻日使馆中举办答礼晚宴时，日本天皇出人意料地亲自到访。另一件更让日本宾客吃惊的，就是季·贝阿在弹奏《樱桃成熟时》的时候，成功地让日本天皇也跟着唱起歌来。”

昭和天皇于1989年1月7日驾崩。同日巴黎正在举行国际化学武器禁用会议。会议正式开始时，身为议长的密特朗总统在事前毫无照会的状况下，突然提议为死去的日本天皇默哀，当时约有一百四十位参加国的与会人员，他们共同为昭和天皇默哀了一分钟。这完全是密特朗总统自发性的提案，让日方代表感激涕零。当时日本访问团团长宇野外交部长还特别走到密特朗总统的座位致答谢礼。

故事到此还没结束，当年2月在日本举行的昭和天皇出殡仪式上，密特朗总统也亲自列席。当时法国的报纸杂志上甚至有人不满地写道："总统出席这引发战争的魔头的葬礼是否忽视了正当性的问题?"当时日本驻法国大使馆也劝法方，只需派总统的代理赴日就够了。不过经由一连串的确认后，他们得到的答案仍是密特朗总统亲自赴日。

所以后来平成天皇以国宾身份访法，受到爱丽舍宫破格以待的殊荣，想必与密特朗总统对日本的心态有相当大的关联。这位法国总统打定主意要在自己的任期中，以国宾之礼招待天皇夫妇，并且即使自己病魔缠身也咬紧牙关，以盛大宴会招待，这种友情也算得上难能可贵了。

在当年10月5日晚上于日本大使馆所举行的答礼招待会上，密特朗总统亲自出席，让日本方面又惊又喜。或许他这样的举动是为了回报1982年时昭和天皇的友善之举吧。

平成天皇夫妇访问法国之前的五年，1989年7月，法国也曾经以国宾之礼招待过前苏联总书记戈尔巴乔夫。结果四个月后柏林墙倒塌，冷战结束。当时任谁也没有想到世界局势会有如此大的变化。虽然波兰、匈牙利等地已发生了国内改革的浪潮，但是由于当时共产主义的老大哥——苏联内部也正在进行社会主义民主改革，所以当时西方世界虽然可以感受到改革的步调变快了，但觉得仍旧是脱不了体制内的改革框架。结果这场改革风潮却野火般摧毁了战后发展了四十五年、早已被西方人视为世界秩序架构之一的铁幕与冷战平衡。

戈尔巴乔夫当时被西方世界一致视为“新时代的领导者”、“迈向新世界的改革者”，呼声很高。他的法国之行的前一站是西德，他在那里受到了英雄式的欢迎。到了法国当然也不例外，在戈尔巴乔夫与夫人莱萨女士参观法国大革命的发祥地——巴士底广场时，成千上万的巴黎市民为一睹他的风采将那里挤得水泄不通。当时他所到之处尽皆披靡。

当时之所以将戈尔巴乔夫的访法时间设定在 7 月 4 日，其实是密特朗总统的精心安排。因为十天后的 7 月 14 日就是法国大革命二百周年纪念日，并且同时于巴黎市郊举行世界发达国家高峰会议。在高峰会前先邀请戈尔巴乔夫访法，是密特朗以实际行动告诉世界各国他支持苏联的积极立场。这样的宣传手法比在会议中强烈表态要有效果多了。

在戈尔巴乔夫夫妇访法的欢迎晚宴上，法国端出的菜色如下：

餐　点

红身鱼脊肉饼

烤小羊背肉，佐以春天时蔬

蒸煮蔬菜

乳酪

斯旺杏仁煮奶

酒与香槟

酒

默尔索-热那伏耶尔（Meursault Les Genevrieres）　1984 年

（宝尚父子酒厂）

拉古斯特酒庄（Chateau Grand-Puy-Lacoste） 1979 年

香槟

克拉芒·铎·玛姆 伯兰·铎·伯兰（玛姆酒厂）

在晚宴结束前，两位政治人物相偕起身致辞。密特朗总统盛赞戈尔巴乔夫的改革功绩，他说："根据这项改革，吾人可以期待苏联社会的民主化又向前迈进了一大步。这是五十年来欧洲第一次有这样的机会，能够摆脱分裂与对决的冲突矛盾，进而达成相互的和解与合作。相信时代的契机正掌握在你我的手中。"戈尔巴乔夫总书记在致答辞中说道："法国大革命的思想对于俄罗斯革命有着莫大的影响。今日我们更以现代的标准来学习法国大革命所给予我们的教训，希望社会主义民主改革能成为现代和平革命的典范。"想来这是双方为十天后即将举行的法国大革命纪念活动而说的应景话吧。

接下来再让我们回到餐点与酒的主题上。前菜是以红身鱼为素材，这是一种类似金枪鱼的高级鱼种，将这种食材以鲜奶油拌佐的酱汁调味后上桌，与此搭配的是勃艮第默尔索的热那伏耶尔白酒，是排名第二的一级酒。同样是一级酒，席上所用的酒，与被列为最好的默尔索的佩利叶（Les Perrieres）以及默尔索的夏姆（Les Charmes）酒，列为同等级或稍次一级而已。另外搭配主菜小羊排的是波尔多的拉古斯特酒庄。这是梅多克地区的波亚克村所产的酒，小羊肉与波亚克村酒的搭配一向也是美食的黄金组合。这瓶酒在梅多克地区算是第五级酒。至于本菜单中的香槟，则是以列为最高等级的克拉芒村葡萄为原料，是非常难得的珍品。

这份菜单与招待西方国宾的菜单比较起来，的确看起来是逊色几分。因为除了香槟以外，在前菜与主菜的部分，东道主显然没有拿出最高级的配菜酒。就算法国不想端出曾经招待过伊丽莎白二世那般最高级组合的菜单，但以国宾而论，至少端出最高级的酒才是应有的待客之道。

比如说与主菜搭配用的红酒，虽说被列于第五级，但是由于色香味俱佳，所以依然可称之为上品，不过拿来招待国宾却怎么也说不过去。尤其是这次的对象是苏联的戈尔巴乔夫总书记，以他的身份地位，应可与一个西方世界的首相相提并论。

值得注意的是，密特朗总统与西德的科尔总理一直是西方民主阵营中支持苏联及戈尔巴乔夫总书记最有力的政治人物。1987 年 6 月在意大利威尼斯召开的发达国家高峰会议中，法国与西德两国领袖最先表态支持戈尔巴乔夫，并且向其他国家成员进言，要求多多给予苏联任何形式的经济协助。

依照密特朗总统的想法，他认为只要支持戈尔巴乔夫总书记，就可以相对抑制苏联其他保守派抬头的气焰，然后慢慢以西方的价值观同化苏联，这将是西方最大的利益所在。不过美英及日本方面则消极地认为："戈尔巴乔夫总书记是否能克服现今的困境尚在未定之天，所有的经济支援可否完全公平地利用也不无可疑。"这样一个在国际场合大力支持戈尔巴乔夫的法国总统，为什么却在晚宴菜单上差别对待？

理由之一是因为所招待的是以朴实节俭为美德的社会主义国家元首，况且社会主义向来视资本家的奢华为大敌，故而爱丽舍宫事先在宴会的内容上稍加节制。再加上戈尔巴乔夫本人无论是访问哪一个国家，纵使受到国宾级的款待之礼，也从未穿过晚礼服，总是以一袭西装上衣赴宴。这种表现不仅是因为他本人必须经年保持社会主义者的姿态，更为了防止保守派批评其"已染上资本家恶习”。就因为有这些政治及社会因素，爱丽舍宫才为其端出量身定做的菜单。

不过光是这个理由应该还不算充分。我之前就再三地重复说过，招待国宾的餐宴，与该国在法国的政治行情绝对息息相关。就算招待的是一个极力想与资本家撇清关系的国家元首，在菜单内容上的确可以斟酌，但也似乎不该降格如斯。

这次餐宴，还是因为戈尔巴乔夫在致力推动社会主义改革的过程中，必须追求与西方社会更和谐的关系而设的。但毕竟戈尔巴乔夫是一个无论在战略和利害关系上，以及政治、社会的价值观上都与西方世界迥异的社会主义国家的领袖。因此法国一方面期待戈尔巴乔夫能够持续在苏联的政治改革和外交上给予支援，一方面却也冷静地把握住法国跟苏联的利害关系终究是不同于西方世界的事实。

让我们再来看看苏联社会主义瓦解后的俄罗斯联邦在爱丽舍宫的政治排序上又是如何，如此一来我们才能更加了解戈尔巴乔夫总书记的晚宴内容所代表的意义。

俄罗斯叶利钦总统以国宾身份，偕夫人共同访问法国，是在旧苏联瓦解一个多月后的 1992 年 2 月 5 日。当时在阿尔卑斯山的阿尔贝维尔正在举行冬季奥运的开幕式。这次叶利钦总统访法的最大目的之一，是重修因旧苏联时代的“八月政变”所造成的两国恶化关系。

1991 年 8 月 19 日，戈尔巴乔夫总统在克里米亚别墅度假的时候，保守派副总统亚纳耶夫趁机发动政变。 但是在改革派的俄罗斯共和国总统叶利钦的奋力抵抗下，这场政变在两天后宣告失败。欧洲各国在政变当日都以严厉词句非难保守派，但只有法国不是。

密特朗总统在政变当日以电视播出的方式，向全法人民宣读了一篇由副总统亚纳耶夫写给他的亲笔信函，更以答记者问的方式发表了自己的看法："我认为政变的第一个阶段是成功的。主要势力及军队似乎都已经投效新政权了。"同一时间，叶利钦在市民的支持下奋起抵抗的画面也已经传播到全世界。此时法国人民对自己的总统抱怨连连，政变失败后，密特朗总统不得不召开记者会，来应对法国社会对他的不满。

出现这样的误判，除了密特朗自己错估情势之外，还有一点：他原先在戈尔巴乔夫身上寄予厚望，这使得密特朗对于戈尔巴乔夫政坛上的敌人叶利钦有着先入为主的冷漠感。

在政变前约半年左右，叶利钦曾以俄罗斯共和国最高议会议长的身份来法国做过一次官方访问。当时爱丽舍宫的东道主是法国总统府的事务长，密特朗总统仅在最后时刻露面而已。当时记者团皆奇怪于密特朗这种冷漠的态度，当时他仅以淡淡的口吻回答说："此即为待客之道。"但是当叶利钦这位最高议会议长下一站来到美国时，却可以直接与美国总统布什会谈，跟在法国所受到的待遇简直不可同日而语。在政变尚未平息时，美英两国领袖都已打电话向叶利钦总统（6 月 12 日就任大总统）祝贺，但是法国这方面的动作却显得迟缓。这显露了法国与叶利钦总统双方面尚未建立良好的沟通渠道。

在政变发生的四个月后，由于苏联已告瓦解，所以戈尔巴乔夫辞去了总统一职，俄罗斯邦联于此成立。也就是说叶利钦总统在 1992 年 2 月 5 日以国宾身份访问法国时，对于法方而言一是可以趁机与叶利钦修好，另一方面也可以利用这个机会，评断一下从旧苏联时代到俄罗斯邦联间的外交政策有多大转变。

当天晚上出席盛会的约有两百人，爱丽舍宫所端出的晚宴菜单如下：

~餐　点~

兰德地方鹅肝酱，佐以贝尔维式肉冻

比利牛斯产小羊背肉肠，佐以芦笋

蔬菜拼盘

乳酪

特里亚侬冰淇淋

~酒与香槟~

酒

拉佛瑞·佩拉酒庄　1978 年

拉图酒庄副酒（Re Foru de Latour）　1978 年

香槟

路易·波美利　1985 年　（波美利酒厂）

鹅肝酱是兰德地方所产，而兰德是位于大西洋沿岸靠近西班牙的地区。将这种鹅肝酱覆盖肉冻的方法叫贝尔维（bellevue)。主菜所用的小羊肉则是来自横贯于法国与西班牙交界处的比利牛斯山的羊。所谓的肉肠做法，是将羊背肉上的骨头取出后卷成圆形烧烤的一道菜。至于配菜所用的芦笋，在当时的季节看来应该是西班牙所产。

再看看酒单如何。前菜与主菜两方都是波尔多地区所产的酒。不过前菜所用的拉佛瑞·佩拉酒庄是索甸村所产的甜白酒，这瓶酒与当初款待英国王储查尔斯王子夫妇使用的相同。虽说甜白酒与鹅肝酱向来是完美组合，但在索甸地区所产的酒中，这仅是排名次于“一级特级酒”的“一级酒”而已。顺带一提，这里的“一级特级酒”是伊甘酒庄在伊丽莎白女王的餐宴上曾经端出来过。

与主菜搭配的是拉图酒庄所产 Re Foru de Latour 红酒，为当年的副酒。当然拉图酒庄本身属于梅多克地区排名最高的一级酒，也名列五大酒庄之一。而这所谓的副酒，可能是用了拉图酒庄内采摘自较不成熟的葡萄田，或葡萄本身的品质较次等的关系。不过再怎么说这都是从拉图酒庄相同的土地以及环境下所采收的葡萄，并且酿造过程也都一样，所以在酒本身的特征上来说，与拉图酒庄没有太大的差异。当然这种副酒本身在质地纯正度、集中力以及密度等条件上，并未比得上拉图酒庄。

虽然叶利钦总统的菜单上并没有端出最高级的葡萄酒，不过香槟倒是特别一点。路易·波美利这款香槟，据说是波美利酒厂模仿酩悦香槟酒厂所产的香槟王所酿的酒。在葡萄的选鉴上不仅选用自家所种植的，而且更是只使用特别栽培且良质年份的葡萄。况且这瓶酒本身的熟成期间更是需要五到七年。席上的是波美利酒厂特别注入心血所酿造的 1985 年份美酒。

将重点放在香槟上这样的安排，与前面所提到戈尔巴乔夫的菜单颇有相似之处。这或许可以解释为俄罗斯人对于香槟较情有独钟之故。不过从菜单的整体内容看来，这份含有政治行情意味的菜单，与之前招待戈尔巴乔夫总书记的并没有太大的差别，内容相当地保守。不过在冷战结束后，爱丽舍宫对于旧社会主义领导人所端出的餐宴，已经渐渐地提高到与西方元首差不多的等级。比如说 1994 年 9 月在欢迎中国国家领导人江泽民的晚宴中，法方在前菜部分所端出的是最高级的伊甘酒庄（请参阅第一章）。换句话说，以爱丽舍宫待客的热忱度而言，叶利钦的行情似乎不如江泽民。

究其原因，可能是因为叶利钦总统访法当时，苏联政权瓦解不过一个多月，爱丽舍宫对于法国与俄罗斯间的关系尚未定位清楚。虽然当时俄罗斯决定放弃社会主义，而采取西方世界所标榜的民主主义与市场经济，但是这还不能真正与西方同盟国画上等号。这便是法国当时的想法。故而无论在现实政治还是从世界局势上来分析，法国似乎当时还不能完全地肯定叶利钦总统。

从晚宴的菜单中看到的另外一个无法否认的问题，是法国对于叶利钦总统未来政权稳定性的质疑。由于俄罗斯各地纷争不断，叶利钦本人的权力基础一直无法稳固，究竟叶氏的政权能够持续多久，法国内部是抱持怀疑的态度的。况且密特朗总统对于叶利钦的民族主义倾向以及强权主义的做法，向来全无好感。从在餐宴上端出副酒待客这点来看，法国对于俄罗斯总统的评价也就如此了。

在决定菜单的时候，受招待的宾客在今后的政权中是否能够维持不变？还是未来无法辨明，甚至只是过渡性质的短命政权？这些都是左右菜单的重要因素。政权维持得越长，菜单内容也就跟着越加丰富；政权越具短命相，当然菜单内容也就越难令人满意。在这一点上我们已在第一章分析法国接待江泽民的餐宴时论述过了。法国在评价俄罗斯与中国大陆两政权的安定性与未来性时，其洞察未来的态度已隐约在菜单上反映出来了。有时事后想想，从这些菜单上还真能看出些许世界大势呢。

第十章

日本首相的菜单

1994 年 5 月 4 日，日本联合内阁首相羽田孜以外宾的身份造访法国。这是一次以实务协议为目的的访问。

羽田是在前任首相细川表态辞职后，于 4 月 25 日被公推为日本新任首相的，之后就马上展开访问之旅，他的行程表中包含意大利、法国以及德国等国家。日本首相这趟睽违两年之久的海外公开访问行程，主要是为 7 月份在意大利拿波里所举办的发达国家高峰会议做会前暖身活动。

之前日本首相一直维持隔年造访法国一次的纪录，例如 1988 年 6 月的竹下登、1990 年 1 月的海部俊树，以及 1992 年 4 月的宫泽喜一首相等，不过他们都是代表日本自民党的政治人物，而 1994 年羽田首相的行程，在日本创下有史以来第一次以联合内阁首相身份访法的纪录。当时身为密特朗总统身旁的外交辅政官约翰 · 莱维先生说："我曾针对日本联合内阁的概要、羽田首相的政治基础以及政策手法等等诸多项目在事前向密特朗总统做了一次报告。总统听完后，对于即将见到这位能够打破自民党长期执政的首相，显得有些兴奋。因为密特朗总统是那种即便听过辅政官报告，也要亲自证实后才愿下判断的人。所以他打算用自己的双眼来评断羽田首相究竟是个什么样的人物。”

密特朗总统与羽田首相结束了爱丽舍宫内的会谈后，随即转移到午餐宴会上。密特朗总统究竟对这位推倒自民党的首相抱持着什么看法呢？

“当时我也陪同出席了午餐会，席中，羽田首相刻意避开艰涩的政治话题，总统也不时谈笑风生，整个餐会的过程让人感到十分融洽和谐。总统本人似乎也对首相留下了非常深刻的印象，会后还跟我提到‘羽田首相真的有种不同于以往日本首相的气魄’。密特朗总统一向喜欢在用餐时候提些轻松有趣的话题，并尽量避免谈话中出现艰涩枯燥的政治议题。这一点与率直幽默的羽田首相不谋而合。”

羽田首相在午餐会中曾经提到，日本社会党脱离联合政府投靠在野党之后，国会必须面临种种困难，他说：“目前我所领导的内阁在议会拥有的支持者屈居少数，所以政策推行起来处处掣肘。”密特朗总统以激励的口吻回答：“别灰心，少数执政却能长期领导政权的例子绝非少数，其中更有几个可以留名青史的典范呢。”在提及美日间的贸易摩擦问题时，密特朗总统更以诙谐的口吻谈道：“同样隶属于欧盟会员国的法国与英国，之间也存在着贸易摩擦的问题。尤其是每到圣诞节前夕，法国输往英国的火鸡就会无端地生起病来。”密特朗总统借机讽刺英国为了保护国内养鸡业者，故而以疫疾为借口停止从法国输入火鸡肉品。

虽然密特朗总统对于羽田首相的第一印象是“不同于以往的日本首相”，但这只是个伏笔，其实中间还是有些来龙去脉的。两年前日本宫泽喜一首相访问法国时，双方执政者曾就经援俄罗斯问题展开一次激烈的辩论。当时日法双方在经援俄罗斯的问题上是采取对立立场，在发达国家会议上，对于是否应该在政治宣言中加入对俄经援问题，两国的确进行过一场你来我往的攻防战。即使在爱丽舍宫的会谈中，宫泽喜一仍然死咬着北方领土归还问题必须与经济援助相提并论。纵使密特朗总统抗议“日本对北方领土的问题已着墨过多”，但这句发言换来的还是宫泽喜一喋喋不休的反论。后来论战甚至拉长到晚餐会上，宫泽首相自始至终话题都围着经济问题打转，密特朗总统只好全程做这位聒噪老人的听众。经济课题原本就不是密特朗总统的专长，又让他在用餐时讨论这般严肃的话题，他的脸上登时就露出了焦躁与不耐。与宫泽首相的晚餐会结束后，这件事在很长的一段时间内成为爱丽舍宫内人员茶余饭后的话题。

至于这次和羽田首相一团和气的欢迎午宴，菜单如下：

～餐　点～

兰德式凉蛋

甜橙雏鸭

辣香烤派[①]

乳酪

野莓冰淇淋

～酒与香槟～

酒

普利富美（Pouilly-Fume）　1991 年

圣杰尔曼　1991 年　（贝赫纳德酒庄酒厂）

香槟

路易・波美利　1985 年　（波美利酒厂）

这样的菜单让人感觉菜色较为简单。以内容来说，与普通法国工薪阶层吃得稍微铺张一点的午餐内容无异。不过正与本次日本访法的主要目的一样，对于重视实质协议内容的访问而言，飨宴的目的毕竟是一种点缀，因此法国端出这样的菜色实在是意料之中。问题出在酒单上。

前菜是鸡蛋与鹅肝酱搭配的一道菜，爱丽舍宫所拿出的配酒是法国中西部罗亚尔河地区所产的白酒。一般而言，虽说白酒与蛋类食材不合，但是与鹅肝酱却非常搭配，因此这还称得上是适当的组合，但问题却出在与主菜搭配的普罗旺斯圣杰尔曼红酒上。

在爱丽舍宫的国家元首级别的欢迎宴会上，几乎从来没有出现过普罗旺斯葡萄酒来飨客的例子。这种地方酒只有总统在私人宴会，招待非常亲密的友人时才会端上桌。法国葡萄酒的最佳酿产地，除了举世公认的波尔多与勃艮第两大最著名的产地之外，一般会再加上罗亚尔河与隆河两地区。这次法国招待外国首长的飨宴中，竟然没有从以上四个产区中来选择餐酒，这件事本身有些可堪玩味之处。

受到法国南部夏季炽热毒辣的日晒，以及冬季酷寒的北风吹拂，仅有少数品种的葡萄适合生长在普罗旺斯这种极地。和一般产区的葡萄酒比起来，不仅少了份洗练后的优雅，更欠缺了一种端正谦和的特质。当然这里并非没有好酒，不过都是些价钱便宜的等级，适合三五好友聚集在一起时小酌一番。

这种酒是在一座位于法国南部、靠近意大利的中坚酒厂所酿造。虽然席上所供应的圣杰尔曼酒是这家酒厂的顶级酒，不过要作为招待一国首长的餐酒似乎还是勉强了点，因为它属于不需要长期存放、趁新鲜的时候饮用、入口滑顺的普通酒。把这样的酒用来搭配日本首相欢迎午餐宴上的主菜“甜橙雏鸭”，究竟口味合不合呢？我请教过许多精于法国菜与葡萄酒的专家，十之八九都把头摇得跟拨浪鼓似的。这是因为雏鸭肉中充满了用甜橙所调出来的甜酸味，与葡萄酒本身的酸味形成尖锐对比的可能性非常大。与甜橙餐点相配较佳的葡萄酒，应属勃艮第地区口味比较重的红酒，比如说香贝丹酒（Chambertin），两者一直是公认的完美组合。因此从这次法国对于羽田首相的欢迎午宴菜单上看，无论是普罗旺斯地区所产的酒，或是酒水与餐点间的相容性，爱丽舍宫都欠缺了平日待客的尊崇以及无微不至的考量。

我们再将酒单拿来研究一下，发现居然没有法国举世闻名的两大葡萄酒产区——勃艮第以及波尔多。由于这两个产区在酒界足使法国傲视全球，所以爱丽舍宫中的飨宴里至少会选择一种，与前菜或主菜来搭配。至于这次的香槟，法国选择的是路易·波美利，这与前一章节内所提到招待叶利钦总统所用的酒相同，可说是有点前后不搭地使用了高级品。这场宴会的菜单有些让人摸不着头绪。

为什么爱丽舍宫会端出这样的菜单呢？密特朗总统究竟在什么样的政治考量下来欢迎羽田首相呢？为了比较个中缘故，我们调出之前曾经造访过法国的前任日本首相宫泽喜一以及海部俊树的菜单，试着从内容来分析其中的差异。如此一来，我们便可探究到底羽田首相的菜单中，是否含有法国在政治表态上的弦外之音了。

首先是早羽田首相两年、在 1992 年 4 月 29 日以实务需要而造访法国的宫泽首相欢迎晚宴的菜单内容：

餐　点

爱丽舍宫炖蛋，以芦笋配菜

烤羔羊腿，以羊肾配菜

锅烧马铃薯[2]

乳酪

郁金香核桃冰淇淋

～酒与香槟～

酒

桑赛尔白酒（Sancerre）　1984 年

歌碧酒庄　1982 年

香槟

于那神父　1985 年　（于那酒厂）

至于 1990 年 1 月 11 日海部首相的欢迎午宴上，爱丽舍宫的菜单如下：

～餐　点～

生松露包派

生炒鹅肝薄片，以苹果配菜

香草意式面疙瘩汤

乳酪

淡雪蛋白冰淇淋

～酒与香槟～

酒

普里尼—蒙哈榭·雷·福拉耶

（Puligny-Montrachet Les Folatiere）　1984 年

雄狮酒庄（Chateau Leoville Las Cases）　1978 年

香槟

香槟王　1982 年　（酩悦香槟酒厂）

首先我们来看看招待宫泽喜一的菜单。前菜和羽田首相同样是蛋做的餐点，不过配菜用的是当季最肥美的白芦笋。与这道菜搭配的酒，是罗亚尔河地区所产的桑赛尔白酒。虽然罗亚尔河地区并未登上名酒产地之列，但其清爽的口感以及入喉后所散发的微酸后味，与芦笋搭配相得益彰。所以在美食家眼中，将芦笋与桑赛尔白酒搭配佐餐已是一般餐桌常识。

至于与主菜搭配的酒则是波尔多的梅多克地区中赫赫有名的波亚克村所产的歌碧酒庄红酒。将小羊排与波亚克村的红酒搭配早已是美食家行之有年的黄金组合之一。换句话说，爱丽舍宫在安排这次宴会中的前菜与主菜部分并没有任何逾越常理的地方。

歌碧酒庄在号称“美酒故乡”的梅多克地区名列“第五级”，而梅多克也是波尔多地区最著名的产区之一。不过值得注意的是1982年产于波尔多的红酒，其评价与二次大战后最佳年份的1961年红酒相较毫不逊色。在1992年的晚宴上桌时，已整整经过十个年头的酝存。这段存放的时间对于第五级的酒来说正是最好喝的时候。经久陈年所孕育出的强烈单宁香，以及丰腴柔软的口感，非常符合这瓶酒应得的尊荣。当然拿来与餐点搭配自是最佳组合。

我们再看看海部首相欢迎午宴上的菜单。是使用了生松露、鹅肝等等高级食材所端出的一道菜，在内容上来说确实比招待羽田以及宫泽的要来得好。由于海部首相在1月访法，正好是松露最美味的时期，或许是因此才将这道人间美味收入菜单中吧。将当季最佳食材收入菜单中的原则，与当时招待宫泽喜一的做法相同。另外与主菜搭配的面疙瘩的做法，是将用面粉与鸡蛋混合后做成小块状用水烫过，再放入烤箱中烘烤而成的一道美食。

招待海部首相的餐点已属佳作，再来比较一下当日的酒单。与前菜搭配的是产于勃艮第的白酒“普里尼—蒙哈榭·雷·福拉耶”，虽说此酒的年份还不够火候，但是排名却是仅次于特级酒，名属一级之列。其后与主菜搭配的红酒是雄狮酒庄，属于波尔多梅多克地区排名第二级的高级酒，年份也不差。所以无论在餐点与酒单的内容上来说，海部首相所受到的待遇都较另两位首相来得优厚。其实这种宴会所包含的餐点与酒单，往往无法仅从单一范畴内的差异来评断，不过这种一目了然的不同，让海部首相在法国的定位自然地与其他日本首相拉开了差距。

在讨论为何海部首相会受到法方如此优渥的招待之前，我们先言归正传，看看爱丽舍宫在欢迎羽田首相时所表现出来的政治语言。爱丽舍宫为何会端出那种从菜单上即可嗅出的不够正式且异常失礼的待客之道？法国对于羽田首相背后的政治评价究竟为何？

1993 年 7 月，在日本执政超过四十余年的自民党政权宣告瓦解，当时欧洲各国所共同关心的话题就是新成立的联合政府在内外交政策上将打出什么牌。“苏联和东欧所发生的冷战解体终于如潮水般波及到日本了”，当时发出这样预言的学者专家并不少。同时，在外交事务中，密特朗总统一直在“打开封闭性甚高的日本市场”以及“加强日本在国际社会中的政治责任”两项议题上着墨甚多，对日本联合政府今后所采取的对美以及对欧洲各国的政策，以及市场开放性等问题上表现出了高度的关切。

密特朗总统出席了 1993 年 7 月于日本东京召开的高峰会议，当时首相还是宫泽喜一。就在高峰会议闭幕不久后，日本自民党政权垮台，联合政府成立。由于前首相细川于任内辞职下台，所以与密特朗总统没有交集。隔年 5 月，接替细川的羽田首相在联合政府成立刚刚九个月时访问法国，那时日本国内的政治生态已经有了变化。由于日本社会党宣布脱离联合政府，使得内阁顿成少数，当时不少观察家甚至认定联合政府无法支撑到 7 月的拿波里高峰会议。虽然羽田首相在高峰会议前先举行西欧三国例行访问，为高峰会议暖身，但是当时国际上一致认为羽田内阁将成为短命内阁，其政权代表日本参加高峰会议的几率可说是微乎其微。

由于羽田首相失去了执政优势，各国看破了无力作出任何政治承诺的他犹如一只纸老虎，政治的现实与人情冷暖自然也就赤裸裸地表现在了待客之道上。雪上加霜的是，大家都预测日本继羽田之后的当权者应该就是日渐抬头的反对势力，当然也就更加投鼠忌器地不敢与羽田首相保持过于亲昵的关系。虽然公式化的外交礼仪依然不可免俗，但是当时被访的欧洲三国都尽量地避免让世人产生他们支持日本联合政府的印象。

羽田首相在访问意大利时与总理贝卢斯科尼所谈的话题不出足球等市井闲聊，对于政治、经济方面的交流可说是毫无建树。在他的访法行程中，虽然见到了密特朗总统以及巴拉杜总理，并且积极表态日本意欲加入联合国安理会常任理事国，不过当时法方对此闭口不谈。讽刺的是，日本天皇夫妇在五个月后以国宾身份访法时，密特朗总统在法国的欢迎晚宴上亲自表明法国愿意支持日本加入联合国常任理事国的立场（第九章）。这样重大的政治决策，绝不是在羽田首相离开法国后的五个月内匆促做成的，法国的态度明显地只是不想将这个天大的人情，做在一个已经如同槁木死灰的政客身上而已。

爱丽舍宫所端出的午宴菜单，不客气地反映出法国对羽田政治生命的判断。不管私底下对这位日本新首相有多浓厚的兴趣，通过密特朗总统那次招待羽田访法过程中，我们嗅不出在政治方面有任何建树。从酒单上与主菜搭配的酒就可看出，爱丽舍宫居然舍其闻名遐迩的四大酒庄的佳酿不用，在国宴上竟然端出普罗旺斯的地方酒来待客，这并非法方偶然的失误，而是出于精准且现实的政治考量。

再看看海部首相的那次欢迎午宴，法国又是基于什么样的考量而端出如此与众不同的盛宴。虽然我们无法精确地指出法国招待海部首相与宫泽喜一的宴会菜单有何差异，不过以招待事务性访问者的菜单看来，宫泽喜一的尚属平均等级，而海部首相的却明显地高出平均甚多。在仔细比较过众多西方发达国家的事务性餐访菜单后，可以发现其内容与宫泽喜一的并无二致。虽然内容上有些差异，但基本上没有差别。

不妨再举个例子来看看。就在羽田首相访法结束三周后的5月28日，英国首相梅杰为了英法定期协议访法，在为梅杰所举行的欢迎会上，爱丽舍宫端出了以下菜单：

~餐　点~

香芹白酒煮贝肉

芥末裹炸带骨小羊排

萨瓦亚尔德式马铃薯汤

乳酪

木莓冰淇淋

~酒与香槟~

酒

夏布利·蒙德·汤尼尔（Chablis Montee de Tonnerre）　1983年

歌碧酒庄　1985年

香槟

香槟伯爵（Comtes Champagne）　1986年　（泰廷爵酒厂）

与招待宫泽喜一的菜单比较可知，无论是菜肴本身，还是拿来与主菜小羊排搭配的梅多克地区波亚克村红酒，都是公式化了的固定组合。而歌碧酒庄则与招待宫泽的属同级酒。从熟成的年份上来看，梅杰的酒只有九年，略逊宫泽一筹，不过也算得上是陈年香酩了，尤其当年已到1985年份的歌碧酒庄口感最佳的时机。与前菜搭配的是夏布利·蒙德·汤尼尔，是被评为仅次于特级的“一级酒”，比起宫泽的前菜酒又更高一阶了。

不过这些都是细节上的小差异，若从整体菜单及酒单的内容与搭配来说，宫泽与梅杰并无二致。可以说爱丽舍宫是用款待西方非元首级最高政治领袖的方式，来接待这两位事务性访问的首相，并可将之视为一种公式。

那么，为何同样都是事务性访问，海部首相却受到法方如此破格优待？法国在这个包装得花团锦簇的政治动作中到底隐含了何种政治目的？想看清这团迷雾，我们还得从当时面临重大转机的日法关系开始说起。

长久以来，法国就一直对日本的输出品以及投资抱以戒慎恐惧的态度。尤其法国政府必须一方面承担经常性的对日赤字，一方面又得防堵日本资金可能介入法国的基础工业，如汽车制造业等，所以法国向来是西欧各国中反日不遗余力的急先锋。不过这种对峙到了1988年法国社会党领袖罗卡尔担任总理时有了显著的变化。在此之前执政已有两年的希拉克总理所率领的保守势力，为了振兴沉寂多时的法国经济，不顾反对声浪执行了一连串国营企业民营化的强制措施，再加上希拉克总理素有亲日派之称，所以开放日资进入法国的机制是从那时萌芽成长的。

而最后补上临门一脚的就是罗卡尔总理本人，因为他招揽了几位在对日关系上态度极为积极的阁员入阁，比如掌握产业政策主导权的国土开发部长福尔就曾说过：“倘若我们仅守着一成不变的拒日政策，那么日本的资金将永远没有挹注法国的机会。那些该保护的产业当然应该持续保护，不过也不可因噎废食地让更多的法国人失去就业机会。”换句话说，只要通过适当的管理，接受日本资金为法国带来巨额利益的互惠模式将可一夕成真。这是法国对日政策的巨大转变。

对于法国政策的变化，日本方面也敏锐地采取了回应对策。1989年2月，结束欧洲访问行程的通产省大臣三冢，在归国后对法国政府开放日本资金直接投资一事表达了重视以及欢迎之意。1987年10月，在每年例行的南太平洋地区各国会议上，照例打算向联合国提出支持法属南太平洋岛国新喀里多尼亚（New Caledonia）的独立决议案，但是一向投下赞成票的日本却在当年选择了弃权。为了这块领地的问题，法国一直战战兢兢地面对来自以澳洲、新西兰为首的南太平洋诸国的指责，同时也一直央求在这块区域内拥有举足轻重地位的日本，能够在表决态度上做些许保留，想必日本投下的这张弃权票就是向法国做出善意回应的表示吧。当然我们也可以将其视为日本对法国松缓其对日政策的一种积极回应。

海部首相访法的时间是1990年1月，那时正逢日法外交上眉来眼去的暧昧高峰期。同月11日，海部与密特朗总统在爱丽舍宫内展开了一段会谈，席间密特朗总统提出支援东欧、南北问题等多项议题，海部也相当积极地一一回应。

密特朗总统做出以下论述：“日本强劲的经济实力在全世界有目共睹的，我们向来抱持着乐观其成的态度。但是眼下贸易的快速扩张已造成些许法日两国间无可避免的难题，我们并不主张对日本进行批判，我们希望两国能平心静气地坐下来互商解决之道。”法方已收起向来对于日本贸易逆差、市场闭锁性等问题的攻讦批判，而寻求理性的两国协商来突破困境。

会谈之后举行的午宴内容已于先前论述过。若以一般西方国家首相等级的事务性访问标准来看，海部所受到的礼遇显然较为突出。这可解读为法国对于改善两国关系事务所做的积极表态。

不过当时美俄冷战的迅速瓦解，也是促成这出由日法两国合演的琴瑟和鸣戏码得以开锣的原因之一。当时在巴黎的外交团间流传着蜚语，说冷战瓦解后国际间政治处境最为尴尬的莫过于日本与法国云云。因为法国一向以全方位外交策略为主轴，在冷战期间夹在美苏两大超级强国间展开其独立外交策略。1966 年法国曾以“美国的涉入过多”为由，脱离了北大西洋公约组织，并试图与当时的苏联展开试探性对话。法国此举打乱了西方阵营的团结，美国曾经为此大怒。法国秉持着这种特立独行的外交策略，在当时的确为自己争取到了国际舞台上的发言权。但是随着冷战的瓦解，法国原本在国际舞台上游刃有余的空间迅速萎缩，甚至有渐被国际列强疏远的危机。另一方面，日本在经济发展上的成功，使其在冷战期间对社会主义阵营有着代表西方经济优越橱窗的地位与功用。因此虽然日本的经济第一主义常常与其他西方阵营国家间发生贸易摩擦，但是站在“西方阵营团结”的大旗下，日本向来是得了便宜还卖乖的。但是由于冷战结构的松动，使得日本无法继续当一个被宠坏了的小孩。

所以，冷战的瓦解与日法两国间的频频互动，在表面上虽看不出有任何关联，但私底下其实是各取所需的关系。日本由于一直热衷于本国经济的发展，而忽略了对于国际社会应尽的道义责任，这种失衡行为其实已经到了不得不检讨的地步。而法国则是在如何介入快速发展中的亚洲经济圈，以及援助曾为昔日殖民地的非洲国家等问题上，需要借日本的一臂之力。两国登时成了一拍即合、各取所需的绝佳搭档，从两国在柬埔寨与卢旺达地区执行和平维持任务（PKO）时的相互支援即可看出端倪。

1995 年 6 月 19 日，日本首相村山富士为参与欧盟首脑会议而访法。当时法国身为欧盟的议长国，负责招待贵宾们的主人在一个月前由原来的密特朗总统换成了现任的希拉克总统。与日法两国官员共同参加会谈的还包括了欧盟的桑德尔欧洲委员长，中午会谈结束后，希拉克总统邀与会人员进入别室中共饮餐前酒。

踏入大厅后，令日本代表团大感讶异的是，厅内墙上所摆饰的陶器、屏风以及染织物等都是日本传统的古玩及艺术珍品。希拉克总统忙着介绍这些艺术品都是法国吉美博物馆的馆藏，还抱怨着馆长说什么也不肯外借弥生时代的古物，还向在场的村山首相、河野外交部长以及桥本经济部长等人一一说明这些艺术品的特征、考古学上的意义以及制作技法等。光是那座屏风就已是日本平安、江户时代的国宝了。法方还在大厅一隅的餐桌上准备了日本的吟酿酒、纯米酒，希拉克总统还亲自向全体宾客说明这些日本米酒冰过后更香醇更好喝。

接着便拉开午宴的序曲，菜单如下：

～餐　点～

番红花清蒸猪肺

芥子酱汁淋羔羊

沙拉

乳酪

巧克力拌核桃

～酒与香槟～

酒

骑士蒙哈榭特优园（Chevalier Montrachet Les Demoiselles）

1988 年 （路易·亚都酒厂）

歌碧酒庄　1982 年

香槟

于那神父　1986 年　（于那酒厂）

这席菜是目前为止招待日本首相欢迎宴上的最高级餐点，前菜为清蒸猪肺，主菜用的是尚未断奶而非常柔软的羔羊腿肉，并配以芥子酱料。而与前菜搭配的酒是出自勃艮第产区的骑士蒙哈榭，这是被评为特级的最高级酒。主菜的配酒在种类与年份上与曾招待过宫泽喜一的相同，都是波尔多产区的第五级酒歌碧酒庄。虽然这次会议的与会国包括日本以及欧盟各国首长，但以一般外宾的身份，受到与国宾同级的特级酒款待却是第一遭。与当初酒单没有出现勃艮第或是波尔多等地的名酒、仅在前菜中配以普罗旺斯酒的羽田首相相比，法国可以说是破格礼遇了这位村山首相。

这样的大手笔，反映出希拉克总统急着想在他首次接待日本首相时表现出友好态度，以及加强两国关系的急切愿望。希拉克总统在巴黎市长任内就已经表现出非常鲜明的亲日色彩，而且他下了苦功，在日本的历史、文化方面有着专家级造诣。他尚在巴黎市长任内时，就以每年数次的频繁度或公或私地造访日本，在他当选总统前的 1994 年夏天，还私底下进行了三周的箱根之旅。

在午宴过程中，希拉克总统更是将他的日本文化造诣发挥得淋漓尽致。当时正逢巴黎举办松尾芭蕉特展，于是希拉克总统在席间提出有关芭蕉的生平问题，而村山富士也能一一作答。除了日本的俳句之外，他们又讨论到了“蒙古征日”的问题。希拉克总统向在场的欧盟官员说明日本野史中有关源义经并非亡于平泉、而是随着成吉思汗潜往中国的故事，随后话锋一转，问日方代表为何蒙古人最后以失败收场，经济部长桥本回说是托了神风的福。不过希拉克总统又再度问道："你说的是第一回的结果，但我指的是1281年第二回的时候。那时日本不是以自己的力量保护了自己吗?"

当时同样在座的日本驻法大使松浦晃一郎回忆到："我非常惊讶希拉克总统连蒙古征日的年代都能信手拈来分析得这么清楚。虽然桥本部长已经尽力发挥出平日的历史素养，但总而言之日本方面是不敌希拉克总统深厚的日本文化底子。"

大约在这次午宴的一个月前，日本外交部长河野趁出席经济合作与发展组织（OECD）之便，顺道去爱丽舍宫向希拉克总统作礼貌性拜会。希拉克总统当时刚就任六日，但仍爽快地答应了松浦大使的晋见申请。席间身为日本大相扑迷的他，便请日方代表向贵乃花传达祝贺之意，并也问到了女星宫泽理惠的近况等等，可以说希拉克总统对于日本的社会当时的状况了若指掌。

"有这么一位知日家在法国，日本今后的欧洲外交政策将有机会打破长久以来的僵局，这是我在会谈结束后最深的感触。我认为我们应尽快拟定最新的对欧外交政策。回国后我曾对村山首相报告，希拉克总统将是日本往欧洲发展重要的关键，首相也为此感到高兴。"

当时河野认为若日本得到法国这个支点的话，将为日本打开更为宽广的欧洲视野。而这个推测立刻在数周后的发达国家首脑会议中得到证实。譬如说美日间对于私家车贸易摩擦的问题就被端上会议桌，但是希拉克总统以欧盟议长国的身份，在交涉过程与决议时处处偏向日本。

希拉克总统在村山富士访法数日前，发表了法国将再度于太平洋环礁展开核爆试验。不过法国这个已引起世人公愤的举动并未影响到村山的访法行程，也看不出来日法关系有任何变化。前年10月份日本天皇夫妇以国宾身份访问法国时，当时的密特朗总统以最丰盛的接待方式举宴。受宠若惊的日本将这一前一后的两位总统视为法国对日友好的象征，似乎日本在欧洲的春天就要到来。不过后来因为全世界对于法国核试验的反对声浪实在太大，迫使日本不得不延缓邀请希拉克以国宾身份访日的计划，日法关系也在这场僵局中陷入冬眠。之后，两国间眉来眼去的关系直到 1996 年 11 月希拉克总统以国宾身份访日时才有进一步的进展。

注　释

① 普罗旺斯的地方菜。做法是将切碎的辛香料与大蒜一起，用橄榄油搅拌后放入烤箱中烤熟成派。

② 将马铃薯切成薄片后铺排于锅内，放入烤炉内烧烤后上桌。

第十一章

环游世界的厨师

法国总统以国宾身份出访时，爱丽舍宫的主厨及厨师们也会随行出国，他们不仅要提供总统的餐饮，也要准备答谢餐宴的工作。一国元首以国宾身份出访，如期完成拜访行程，在归国前夕通常会举办宴会，答谢受访国热情的招待，这是外交上的惯例。然而特地从本国派遣主厨随行的发达国家就只有法国，大多数的国家都是请驻外大使馆或当地著名大饭店来举办。

第三世界国家或发展中国家的元首出访时，主厨通常也会随行，特别是独裁国家的元首，总会担心食物被下毒。而法国总统让主厨随行的动机却与这些独裁国家不同，完全是为了展现爱丽舍宫的美食，宣扬法国的优良文化。

为此，爱丽舍宫下了不少工夫，答谢宴中的邀请人数通常超过百位以上，必备的东西都是从本国运送过去，如菜肴用的材料、葡萄酒、香槟、器皿、银器、水晶杯、酒杯等，食具、桌布、桌子装饰品等也全部由法国输入。偶尔也会使用当地的材料，但为了实践“道地法国菜是由法国生产的食材完成”这个理念，除非不得已，大都不使用当地的材料。

“过去中世纪君王时代，法国的王公贵族各自拥有手艺超绝的厨师。造访友人时，他们都会带着自己的厨师，并极尽所能展现奢华的美食以满足自己的虚荣心。现代法国总统的答谢宴其实正是源自这个传统。”执行长达韦纳先生说。

如此一来，交通工具除了总统搭乘的专机之外，还有空军派出的运送餐宴用的大型运输机，出访国若是发达国家的话还算好，但是到了炎热、生活条件差的非洲地区，或生活习惯差异大的伊斯兰教中东地区、第三世界国家及其他发展中国家的话，餐点的准备工作就大伤脑筋，厨师们必须应付没有冰箱保存食材、长时间停电或水源不足等状况。

虽说餐宴的水准媲美爱丽舍宫，其实有许多限制，比方说用的器皿，当然不可能是拿破仑三世时代的国宝级器皿，虽然同样是赛弗尔产的瓷器，但却是近代制造的。考虑到搬运时造成损伤的可能性，出访国外时携带贵重的器皿几乎是不可能的。

在酒类的选择上，精致的勃艮第产葡萄酒不适合旅游，出访时大都以波尔多产的葡萄酒替代。酒瓶底沉积了一点沉淀物的陈年老酒更是不可能携带，因为在瓶中长期孕育出的质感与香醇相互融合为一体，一经摇晃就完全功亏一篑，瓶栓打开倒出来的就只是难喝的变质酒，因此只好在质量上让步，选择对振动与温度变化耐性较高的熟前酒。

总统决定出访的前一个月，爱丽舍宫会先派视察团到要访问的国家考察，这个视察团是由仪典长、执行长、治安官、总统专属医务官等十五名人员构成，依各自的任务与受访国进行相关事宜的讨论。例如仪式的进行是由仪典长担任，他会与受访国的仪典长针对总统抵达后的欢迎仪式、当天的欢迎晚宴、会谈、视察行程、答谢宴等行程做具体的策划，内容巨细靡遗，如车辆哪一台先走、在哪里下车、在哪里握手、什么时候致辞比较妥当等等，可说举手投足都一一安排好。

密特朗总统首次以国宾身份出访英国是在1954年，当时英国为了迎接主张社会主义的密特朗总统而煞费苦心，至今还让爱丽舍宫津津乐道。

通常受访国会制作一份行程表，交给来访的国宾等一行人作为参考，英国方面为了慎重起见，连行程表的封面颜色，都先请爱丽舍宫的先遣视察团员看过才决定。因为前任总统德斯坦来访时所使用的颜色是深蓝色，而这个颜色正是法国王室的象征，用在社会主义的密特朗总统访问行程中，似乎不太适合。

同时，英国方面最挂念的，就是法国国歌《马赛曲》的歌词，此曲是法国大革命的时候为了打倒君主，号召人民夺取武器反抗专制而写出的歌曲，对于君主制的英国来说，实在有点尴尬。虽然通常在欢迎国宾仪式中只演奏国歌的曲子而不唱出歌词，但正因为迎接的是主张社会主义的密特朗总统，英国方面连歌词这个小细节都调查过了。

访英行程结束前夕，法国驻英大使馆举行的答谢宴也有问题，原本安排密特朗总统与英国女王伊丽莎白二世一同接见来宾的大厅，挂了一幅上断头台的路易十六的肖像画，两位元首都背向肖像而站，但考虑到社会主义的密特朗总统以这样背景衬托似乎有点不恰当，最后只好安排两国元首换个位置。

像这样繁杂的细节，仪典长都必须一一确认才行。

而准备答谢宴的负责人当然是执行长。确认总统下榻的迎宾馆或饭店是理所当然的任务之一，比方说生活用品是否充实、总统用的办公桌是否稳定、总统夫人用的镜子是否妥当等等，若有不够的话，必须在总统到访前完成，然而执行长最重要的任务，其实是调度属下的工作与答谢宴的事先准备工作。

法国的答谢宴大都在当地法国驻外大使馆内举行，因此事前必须调查官邸大厅是不是容得下全部来宾的座席，供应餐饮时服务是否有困难，甚至连官邸厨房的宽敞度、隔间情况、厨房设备等都必须调查清楚，因为答谢宴在官邸的厨房中调理，微波炉、冷藏库及调理器具等都必须提前准备好充足的数量。

晚宴当天，服务人员更是不可缺少的。虽然爱丽舍宫的侍务长和侍者们都会与总统随行，但人手不够的时候必须从当地调派。一般都是与高级饭店、餐厅交涉，请他们派遣优秀的服务人员前来支援。

调查的详细结果由执行长传真或电话通知爱丽舍宫的主厨，其中一定包括厨房的配置图，大多数的场合主厨会问“冷藏库有多大”、“从厨房到会场有多远”等问题，也可能会要求更详细的资料，有时候觉得微波炉的数量不足的话，甚至会要求再添购几台，遇到这种状况时，执行长虽然会与视察团一起先回国，但一定留下属下完成后续工作。

“在国外举行晚宴是非常紧张的，即使事先预习过了，到了宴会上还是会发生各种突发状况，通常要当场解决问题。就算事前调查的再详细，还是有许多问题是无法预测的，因此要维持一定水准的晚宴真是非常不容易，这跟爱丽舍宫的晚宴真是不能相提并论。”担任过无数次答谢宴负责人的达韦纳先生说。

法国总统在任期中会出访几次呢？第五共和以来（1958），戴高乐总统在任期约十年间（1959—1969）出访了27次，约34个国家，接下来蓬皮杜总统直到病逝前五年间出访了24次，约33个国家，继任的德斯坦总统七年间（1974—1981）出访了78次，约84个国家，而连任两期共十四年（1981—1995）的密特朗总统光是前十年就出访了129次，约153个国家，从数字来看，历任总统出访次数渐渐增加，到了密特朗总统平均一个月出访一次。

当然，这些数字不完全是应邀出访，有时是参加欧洲共同体主办的领袖会议或发达国家首脑会议等，由于出访国家是欧洲邻国，也可能一日往返，但即便如此也是相当耗费精力的。

法国的经济力虽然在日本之后，但国际政治地位却是日本所不及的，这其中的理由，一是因为法国是联合国安理会的常任理事国之一，二是拥有核武器，第三就是法国强有力的元首外交手腕。

法国总统掌管国防与外交事务，而内政则由总理负责，因此总统不会被内政事务牵绊，可以积极展开元首外交活动，“让法国人的想法存在于广大的国际舞台上”的目标比较容易实践，同时法国又继承熟练的欧洲宫廷外交传统，这跟常常被内政缠身的日本首相比起来真是有天壤之别。

从法国的元首外交方式中可以看出一些脉络：法国大费周章举行答谢宴，其实是外交上的一种招式，将华丽的爱丽舍宫美食重现于出访国家，是元首外交过程中最戏剧性的结束方式，通过精致餐点、香醇葡萄酒和讲究的礼数，更能广泛地传达法国文化。

1993 年 2 月 9 日密特朗总统搭专机前往越南首都河内市，展开为期两天的访问，这是 1975 年越南统一后，第一次有西方元首访问。与密特朗总统同行的，还有深入了解越南经济、文化等的官员计六十名，总统夫人达妮埃尔原本也要同行，但出发前因身体不适而取消。

密特朗总统访问越南有两个目的，一是与曾是法国属地的越南达成和解，二是加强双方关系，为参与东南亚经济贸易做准备。在殖民地时代末期，法军与越南独立军曾有过激烈交战，后来法军在 1954 年一场战役中败北，终于放弃殖民统治撤出越南，这次出访是四十年之后两国首次踏出和解的一步。

当时越南正渐渐转向开放，这次的访问可以看出法国外交政策对国际局势的敏锐性，因为当时美国正对越南进行经济制裁，西方国家及东南亚诸国都追随美国的步伐，与越南保持模糊不清的关系，如此情况下，密特朗总统以第一位西方元首的身份来访，其远见是其他国家所不能及的。

法国从戴高乐总统主张独立外交政策开始，对于跟随主义或附和主义极不苟同。德斯坦总统在苏联入侵阿富汗之后，西方国家都对苏联采取经济制裁时，仍然和苏联总理布里兹涅夫会面。另外，密特朗总统也曾于1985年邀请正处戒严中的波兰国家评议会议长来法会谈。像这样，法国虽然站在西方阵营中，却常常违反大家公认的默契，做出异于一般常理的举动，即使这么做与西方盟主美国造成不和谐，但法国还是坚持贯彻自己的理念。

冷战时期，法国的外交政策主张“舍弃东西方对立的僵化现象”，奠定全方位外交的基础，因此常引来美国的不满，但历代总统仍然保持与共产主义国家的沟通渠道，并做出与西方国家的理念相悖的事。法国这种独特的外交姿态，其实正反映了他们嫌弃顺应主义的国民性，“当问题陷入僵局的时候，应该更努力推动，创造出新潮流”，这种精神大概可以说是法国外交政策的特色吧。

密特朗总统破例出访越南其实就是这种精神的写照，这次访问之行不但使越南与西方国家的关系拉近一步，对越南的发言权也很有影响力，并且再次证明了法国的自主性绝对不受他人影响。

到达河内后，密特朗总统与越南总统参观了总统官邸中庭举行的欢迎典礼，之后两人就进入单独会谈的程序，在会谈中密特朗总统指责美国对越南的经济制裁，呼吁国际货币基金组织（IMF）再次对越南援助，同时也重申法国决定从中扮演和事佬的角色。

当天晚上越南举行国宴欢迎密特朗总统，晚宴上密特朗总统发表了一场高明的演说：“法越两国虽然曾是对立的敌人，但现在已经建立起永久的和解，历史将重新改写，期望今后双方可以站在互惠互助的立场上，建立新的友谊关系。”

另一方面，河内市的法国大使馆中正匆匆忙忙地准备着隔日的答谢午宴，执行长达韦纳先生、主厨诺曼先生、五位厨师、品酒师纪尧姆先生等，提早四天前就来到河内市，答谢宴预计邀请两百二十名宾客，像这样的大型宴会，若爱丽舍宫全部二十名厨师来准备的话还应付得来，然而当时只有六名厨师，要在短短几天中完成全部工作，真不知道该如何是好。

河内市的感谢午宴是达韦纳执行长工作十年中最困难的一次，“官邸中并没有容纳两百二十名贵宾的大厅，厨房狭小，微波炉、冷藏库的数量都不够，而且，虽然当时是二月份，举行答谢午宴时的气温竟超过30℃，为了食物保鲜，当时真是伤透了脑筋。”达韦纳先生激动地叙述这段经历。

麻烦还不止这些，河内的答谢宴一开始就失算连连，密特朗总统来访前两天，满载食材、葡萄酒、香槟、食器、银器、蒸锅等的空军C130运输专机启程飞往河内，预计二十五个小时后可以到达，装载食物的箱子中填满了干冰来保鲜，但是飞机竟然在加油基地故障了。

当时先抵达河内的主厨诺曼先生紧张得心脏都快停止跳动了，因为箱中有上等生鹅肝和事先简单调理过的东西，“平常必须保持在1～2℃的低温之下才能维持鲜度，像这样在加油基地停留一个昼夜，就算放了干冰也没法保持新鲜，那个时候真是吓出了一身冷汗！”幸好五小时后，飞机又重新起飞了，货物总算在最后紧要关头送到。

另外一个失算的是冷藏库，主厨诺曼先生抵达时，发现冷藏库数量只有原定数量的一半，总共五台，一时间就算花钱也不能马上买到冷藏库，而眼看运输机就要抵达了，最后在当地找到了一家法越合资的饭店，先行保存官邸中放不下的食材。

但是最大的问题是出在官邸的厨房，大小只有16平方米，微波炉只有三台，要做出两百二十名宾客的餐宴实在太困难了。事先在爱丽舍宫准备好的材料如酱料、烤肉等等，都非要当日烹调不可，用这仅有的三台微波炉要烤出两百二十份岂不是要花上一整天！主厨诺曼先生想了又想，最后决定在后花园里搭起棚子，把煤气炉一列排开来料理食物。

主厨为各种突发状况头痛的时候，越南工人正在官邸前庭的花园里忙着打桩，因为官邸并没有足够宽敞的地方容纳贵宾，因此决定在前面花园搭起大棚子举行飨宴。棚子下铺上临时地板和地毯，墙上挂着法国、越南的国旗，密特朗总统的肖像也被悬挂出来。放上长形的主席桌，再加上几张圆桌，终于大功告成了。

在河内帮忙的爱丽舍宫人员，对此次答谢宴的感想有别于其他飨宴，执行长达韦纳先生对这种微妙的心理作用做了解释："殖民地时期越南人曾接受过法文教育，学习法国文化。经过长期的空白，法国又再度踏上越南的土地，过去受教养的越南知识分子再次接触法国文化，对这次答谢宴一定都满怀期待，因此，我向主厨及品酒师交代，这次的餐宴绝不要让他们失望。"

密特朗总统访越的时候，我也从巴黎出发一起同行，那时看见身旁的法国人重返越南时的反应，仿佛就像相隔十年后再会的老友一样，充满怀旧的情绪。道路是殖民地时代法国设计的林荫大道，往两边敞开的法式百叶窗、适应南方骤雨气候的长廊骑楼等等，这些旧式风情在河内市区中保存得比被美国占领过的胡志明市要浓厚。

有一个在法国流传的小故事，显示了法国人与英国人对殖民地态度的差别。

有一天非洲某个国家独立了，昨天还卑微地打扫房间的黑人将脚踏在椅子上大声嚷嚷着"从今天起我是主人了"，这时，英国人会拿着高帽子与手杖默默地走出去；而法国人反而会说："过去这段时光真是快乐，希望有缘再会。"热情地握手道别。

这一则小故事反映了英法两国人性格上的差异，英国人做事干脆，为了不造成后续的麻烦，总是聪明爽快地从殖民地一举撤退；比起来，法国人显得很没用，优柔寡断，无论是对越南或阿尔及利亚都一样，最后总会演变成没完没了的战争。就算到了现在，法国与帝国主义的脐带虽然容易切断，但是在情感上，对于自己或是父母那一代曾住过的殖民地，总是有切不断理还乱的怀念。

另一方面，越南人相隔三十九年后与法国会面，感受又是如何呢？在河内市我遇见了一位女画家官明蜜，她生于1922年，擅长在绢布上以水彩作画，作品曾入选巴黎的展览会。有许多作品被收藏在德国德累斯顿美术馆与莫斯科的东洋美术馆，自从法国撤离越南后，她几乎没有机会再说法语，因此聊天的时候有时要思索很久，但听得出来她的法语是非常正宗而有教养的。

殖民地时代，女画家是在河内著名的“菲力克斯·福尔女子学校”受教育，当时国文、历史、地理等全部是用法语教授。稍有过失就会体罚学生的法国老师，有种殖民地主人的傲慢，现在想起来，居然还挺怀念的。“法国撤退之后，越南发生种种事件，如越战、入侵高棉，然后是中越战争……”这些强烈的痛苦经验，将从前殖民地时代对法国的厌恶感渐渐压了下去。

女画家与先生分居，独自将四个小孩子抚养长大，越战美军来袭时，配给的肉不够，不得不吃狗肉来求生。她打开抽屉取出破旧的笔记簿，解释里面的绘画和诗句，翻着翻着，看到越语诗句的旁边有法语的翻译，这时我才感受到法语在越南知识分子心中深刻的影响力。

2月10日答谢宴当天，天气非常晴朗，主厨诺曼先生与五位助手从清晨4点天还没亮的时候就开始准备。若是晚宴的话，准备时间很充分，但是宴会在中午开，像平常那样的步调绝对来不及，厨房附近搭起的棚子中间摆设了一个大长桌，放置一整排煤气炉，旁边的空间是厨师们切蔬果的地方。

关于河内市感谢午宴的菜单，主厨诺曼先生依照惯例在两个星期前就提出了三个方案供密特朗总统参考，总统从里面选出了一份菜单。

餐 点

鹅肝酱，佐以索甸风味肉冻

佩丽歌尔肥鸡佐以松露

法式乡村沙拉

乳酪

果仁糖蜂蜜冰淇淋

酒与香槟

酒

苏特罗酒庄（Chateau Suduiraut） 1986年

拉古酒庄（Chateau La Lagune） 1982年

香槟

盛世香槟（Cuvee Grand Siecle） 1985年 （罗兰百悦酒厂）

葡萄酒、香槟与材料全部从法国空运过来，其中当然包括鹅肝酱、松露等高级珍品，就连“法国乡间小菜”也特别依照菜单上所写的，从法国运来蔬菜烹调，而这次的主菜肥鸡灌松露，蒸煮后淋上松露与香菜煮出来的鲜汁，更是一道美味。

社会主义制度下的越南人一直被教育要仇视奢侈，真正的法国菜对他们而言是遥不可及的，对生于法国殖民地时代的人们来说，这次的筵席勾起了他们童年的回忆，对没经历过殖民时代的年轻世代来说，这是个激发对法国和法国文化想象的机会，然而大家都明白现实里法国终究是一个遥远的世界。

在葡萄酒和香槟方面，与总统随行的品酒师纪尧姆先生为了这场飨宴准备了18箱共216瓶，同时因为考虑到长时间的运输振动与当地的高气温等问题，放弃了细致的勃艮第酒而全部选择波尔多葡萄酒。

与前菜鹅肝酱搭配的是苏特罗酒庄，是生产于索甸·巴萨克村的甜味葡萄酒，以等级来说，是波尔多酒中仅次于“一级特级”的一级品，葡萄酒的颜色呈金黄，带点蜂蜜的香味，是最好的生产年份1986年。而搭配主菜的拉古酒庄则是梅多克产的1982年葡萄酒，虽然等级排名第三名，却有第二名的口感。

这次的答谢宴，因为运输的关系无法提供最高级的葡萄酒，但考虑到越南的国际地位，法国准备的酒比我原先预想的还要高级。在第九章中曾经提到苏联总书记戈尔巴乔夫在爱丽舍宫接受款待，当时的酒都没比这次来得好，前菜使用的葡萄酒虽然是同等级，但搭配主菜的酒却是梅多克产的第五级酒。当然，并不能从这点就轻易地断定法国比较重视越南，但是仍然可以感觉得到，法国为了展现旧宗主国的气度而刻意提升了葡萄酒的品级。

太阳渐渐升起，官邸的前院已架起棚子，此时会场正进行最后的准备工作，象征法国国旗的红白蓝三色彩带环绕着四周作装饰，长桌上铺着爱丽舍宫带来的新桌布，点缀艳丽的南国鲜花，虽然比不上爱丽舍宫的宴会大厅，却也是个非常华丽缤纷的会场。

执行长达韦纳先生之前分派好的二十名侍者也来了，他们是来自河内市区法越合资饭店和大使馆的工作人员，加上随密特朗总统一起来的十名服务员，总共三十名，将要服务两百二十名贵宾的餐饮，侍务长将服务的重点传达给大家，并指导注意事项与细节。

品酒师纪尧姆先生为了不让葡萄酒的温度上升，在大使馆内的冷气房中开瓶试饮。

中午过后，越南总统抵达官邸接受密特朗总统的欢迎，接着由仪典长引导，走进使馆的迎宾厅谈天并饮用餐前酒，殖民地时代曾接受过法语教育的越南总书记，不需要翻译就能直接与密特朗总统畅谈。仪典长将一切准备就绪之后，请两位贵宾进入另一间大厅，准备举行“介绍仪式”。

答谢宴邀请了两百二十位宾客，包括了越南总书记、政府要员、与法国关系良好的学者、艺术家、经济学者等，而法国代表团除了从法国来的人员外，还有驻越的法国商界代表参加。还邀请了法国电影《情人》的导演让—雅克·阿诺先生和《奠边府战役》的导演皮埃尔·肖恩多夫先生，这两部电影都是在1992年上映，在越南也大受好评，其中肖恩多夫导演更是亲身经历过奠边府战役，当时他担任法军通信兵。这段劫后余生的经历经过四十年的构思酝酿，终于1991年在取得越南政府的许可后，在当地拍摄而成。这次是密特朗总统亲自邀请他来参加飨宴。

“介绍仪式”结束后，贵宾被请到棚内的席位上就座，两位总统到达会场后，来宾们都起立欢迎，密特朗总统率先走到麦克风前发表演说。

“我以法国总统，同时也是西方元首的身份，初次来到越南访问，虽然停留的时间很短暂，但对贵国人民热情温馨的招待由衷地表示感激。过去，两国间曾有一段不幸的历史记录，希望我的造访会在未来重新写下一段崭新的历史。同时，我也要再次声明法国支持贵国政府目前正在进行的经济改革政策。不过我个人认为，经济改革必须伴随政治的改革才有正面的影响，然而这只不过是我个人的主观意见，绝对没有殖民地主义那种支配别国政治的强势意图，我希望从此两国之间可以打下互惠的基础，增进彼此的友好关系，进而推动亚洲及国际社会的安定与和平。”

密特朗总统这次访问越南备受瞩目的话题之一，就是本着人权外交的原则，对越南这种共产党一党专政的政体将来要如何发展民主精神发表看法及建议。就像演说的内容中提到，经济改革必须伴随政治的改革才有正面的影响，密特朗总统其实已经触及越南政治的核心问题，直接指出越南政府只针对经济开放，却不在政治上朝自由前进是不行的，讲明白了，就是在催促越南执政党向多政党执政的民主体制改革，但是后来又加上一句：“这只不过是我个人的主观意见，绝对没有殖民地主义那种支配别国政治的强势意图。”鉴于两国历史上的微妙关系，密特朗总统才慎重地解释，避免误会。

接下来由越南总统发言。

“越南统一后，法国的密特朗总统是第一位来越访问的西方元首，我们对总统做事的气魄给予极高的评价。越南人民经过种种苦难战争之后，好不容易才获得独立，为了重建家园，我们决心进行改革，然而在先后顺序上，我们还是认为经济开放需要比政治改革优先一步，希望越法两国间可以维持互相理解与友好的关系，共创新的历史。”

促进经济发展，让国民生活水准提升是当前的首要目标，如果达不到这个目标就倡导政治的自由化，可能会导致社会混乱不安。然而，从越南总统的“经济开放必须比政治改革优先一步”这番话当中，仍然透露出一个重要的信息，那就是越南政治的自由化并不是不可能的事情。从一来一往的发言中，能体会到越南总统虽然没有直接拒绝密特朗总统的建议，但还是巧妙地表达了不受外人干涉的态度，在优美的外交辞令与适当的礼节包装下，双方各自坚持的立场相互碰撞，瞬间激起了火花。到底应该像注重民主人权的西方社会一样，将政治自由、人民的价值优先呢，还是继续将经济发展、社会富裕摆在第一位？这是冷战后西方发达国家与发展中国家之间对立的新界线。

当两国元首举起香槟为彼此的友谊干杯的时候，表示侍者们该准备上菜了。一等大家的杯子放下来，热烈的掌声结束，三十位侍者就一列排开出现在会场一侧，手中端着一大盘前菜，准备各自就位为贵宾们服务。

官邸的后院中，主厨和厨师们的奋战还在热烈地继续着，从后院到会场之间餐点的传送，必须请执行长达韦纳先生和品酒师纪尧姆先生下场帮忙才应付得来，然而从呈现在客人面前的精致美食中，却一点也感觉不到厨房中的紧张忙碌，仍然保持着爱丽舍宫餐宴一贯的水准，反映着优雅、精致的法国文化。

“现在前菜上桌了，大约过几分钟后主菜要送出去，然后是乳酪……整个餐宴的程序、进行节奏都在脑子里想好，说给侍者听，然后随时提醒他们放慢速度就可以了，整体说来河内的飨宴进行得非常顺畅。”

虽然准备阶段失算连连，等到餐宴真的开始之后反而尘埃落定，进行得很稳当，当然，松一口气的不只是达韦纳先生，在最后一道果仁蜂蜜冰淇淋甜点端出去后，从清晨开始工作的厨师们也终于松了一口气，瘫坐在椅子上。

午宴结束后，密特朗总统与越南总统和现场来宾告别，访越的行程已圆满完成，接下来，密特朗总统一行前往法军与越共交战地奠边府吊唁。

这个地方的行程彼此一直有歧见，一直到了最后还是无法达成共识，越南当局希望法国代表团能到奠边府附近的越共纪念碑献花，但法国无法同意，因为奠边府战役中，法国死伤五千士兵，考虑到牺牲者家属的感受，不能答应越方的要求。密特朗总统来越后，双方仍然不断协商沟通，最后决定在没有越南官员陪同下，法国代表团以非正式的形式造访奠边府。并且请拍摄《奠边府战役》的肖恩多夫导演来做向导，说明当时战争的情形及自己的亲身经验。然后大约花 40 分钟在丘陵地带四处参观，密特朗总统在小丘顶献上一束小花。

密特朗总统 1993 年 2 月份的越南之行，主要是担任越南重回国际社会的桥梁，七个月后，美国开始对越南解除部分经济制裁，到 1994 年 2 月全面解除。接下来的 1995 年 8 月，美国国务卿克里斯多弗访问河内，为双方建立外交关系签下重要文件，美国这个越战的当事人，在从越南撤退二十年后，终于与越南和解了。

亚洲各国似乎也受到法国的影响，开始加强与越南的关系。1994 年 3 月，新加坡、泰国、菲律宾等国的总理、总统相继访问越南，1995 年 7 月越南正式加入东盟（ASEAN）。一直以来亚洲对法国外交政策都非常陌生，而此次成功地帮助越南重回国际社会，终于奠定亚洲外交的基石。

密特朗总统一行人在离开越南之后还要继续前往柬埔寨访问。而在河内大使馆里，主厨诺曼先生与六位厨师、品酒师纪尧姆先生等工作人员正忙着处理善后工作，他们有一大堆瓷盘、银器、玻璃杯、锅要包装捆绑等着运送。

品酒师纪尧姆先生还要忙着处理剩下来十几瓶未开栓的葡萄酒和香槟。虽然在发达国家葡萄酒很容易就买得到，在越南葡萄酒却是难得的珍品，更何况这些葡萄酒和香槟有爱丽舍宫的品质保证，想得到的人多得不得了。“一般来讲，出外访问时剩下的酒是不会再带回去的，通常送给帮忙的人员，他们都会非常高兴，所以当作礼物送出去已经成了爱丽舍宫的惯例。”就这样，纪尧姆先生将剩下的葡萄酒和香槟送给大使馆里帮忙的法国人、越南工作人员，以及帮了大忙的饭店工作人员。

第十二章

啤酒干杯

1995 年 5 月 7 日夜里，正值法国总统选举公布选票的日子，保守派的巴黎市长雅克·希拉克打败社会党的利奥内尔·若斯潘当选总统，第五共和的第六任总统就这样诞生了。隔天早上的 5 月 8 日是第二次世界大战欧洲战场结束后五十周年纪念，美、英、德、俄等各国代表列席参加在凯旋门举行的纪念仪式，密特朗总统和希拉克总统一起欢迎受邀者。典礼之后在爱丽舍宫举行停战五十周年纪念午宴，由密特朗总统夫妇主办，共有一百五十位受邀者出席。这次的午宴，是密特朗总统 5 月 17 日退职前最后一次正式的官方飨宴，连一直以来拒绝出席密特朗总统主办的宴会的希拉克先生也参加了这次宴会。

宴会的菜单如下：

餐　点

虾子和牡蛎奶油焗白菜交响曲

苹果酱汁淋鸡肉，佐以热鹅肝酱

新鲜的斗笠菇饼

乳酪

扁桃蜜汁风味冷冻梨

～酒与香槟～

酒

骑士蒙哈榭　1985 年　（宝尚父子酒厂）

木桐—罗斯柴尔德酒庄　1976 年

木桐—罗斯柴尔德酒庄　1945 年

香槟

特级克鲁格调配酒（克鲁格酒厂）

前菜是虾子和牡蛎的组合，主菜则是苹果酒淋在肥美的鸡肉上，味道掺着酸甜的感觉，在底下铺着一层煮熟的苹果，并添加温热的鹅肝，鹅肝的做法是用强火瞬间将表面烤焦，里面则融化成糊并保持温热的状态。对担任主厨的诺曼先生来说，服务密特朗总统夫妇餐饮长达十四年了，这次将是最后一次宴会，可想见他注入了多少心血和努力。

搭配前菜的勃艮第白酒—骑士蒙哈榭在分级上属于最高的“特级”品，配上前菜龙虾牡蛎等海鲜及淋在菜肴上的奶油酱汁，口味非常搭调。

搭配令人瞩目的主菜的，是属于同一等级但年代不同的两种波尔多红酒。对于这样的安排，品酒师纪尧姆先生做了这样的说明：“其实本来的用意是为了庆祝选举结束，特别选了 1945 年出产的酒，可惜的是怎么也凑不齐飨宴中的数量，每个人最多只能喝两杯，所以才搭配 1976 年的酒来充数。”

在第九章已经提过木桐—罗斯柴尔德酒庄，是天皇夫妇以国宾的身份访问法国时在非官方的午宴中出现的波尔多名酒，在梅多克地区是顶级中的“第一级”，而特别的是，它又是战争结束当年的最上乘红酒。

宴会中的菜单封面上使用的是荷兰画家林布兰（1606—1669）晚年的画作——《持花的青年》(原题)，听说是画家的自画像。在密特朗总统主办宴会的菜单上,林布兰的画作是第一次被使用，以褐色的墨水笔描绘出淡彩的朴实素描，令受邀者第一眼就会看见放置在自己面前的菜单封面。为何会采用这幅画作为这天午宴的菜单封面呢？据说是因为右手持花的青年刚好与十四年前密特朗当选总统时，装饰着象征社会党的玫瑰花有异曲同工之妙。

第二次世界大战一结束就踏入政界的密特朗总统，有段时期曾经是一败涂地的落水狗，1965 年的总统选举中挑战戴高乐败北，1974 年再度挑战德斯坦仍然失败，第三次，1981 年，终于完成宿愿当选总统，这时他已经四十六岁了。当选后，密特朗总统马上到两位左派领袖让·饶勒斯、让·穆兰长眠的巴黎第五区墓园去参拜。密特朗总统右手持着一束玫瑰，一个人庄严地走进幽静的石造墓园，给人一种孤独而刚毅的印象。这个镜头后来常常用在关于密特朗总统或社会党的书籍封面上。

对密特朗总统来说，这是最后一次官方的飨宴，爱丽舍宫的仪典课为了重现十四年前密特朗总统刚上任的形象，特地用《持花的青年》这幅画当作菜单的封面，卸任前饯别的意味十分浓厚。就在任期接近尾声的时候，密特朗总统还得跟癌症一决胜负，面对“撑不到最后就会辞职”的流言，他还是圆满地完成了总统任期。

从 80 年代到 90 年代，携手瓦解国际冷战情势打开新局面的伙伴布什总统和撒切尔夫人都已经退下了政治舞台，如果说到真正的伙伴，就只剩下德国的总理科尔了。而现在密特朗总统也将要置科尔于一旁，自己走下舞台。这次在爱丽舍宫举行的战后五十周年纪念飨宴，其实是宣告十四年的密特朗时代将要画下句点，是为了纪念这段日子而特地举办的惜别宴。

九天后的5月17日，密特朗总统正式下台，希拉克就任第五共和的第六代总统。隔天18日晚上，新总统第一次与外国首长会谈，对象就是德国总理科尔，地点选在德国边境斯特拉斯堡。

希拉克总统急着在上任伊始就与科尔总理进行会谈，目的在于表明加强对德关系仍是今后的外交主轴。会谈后移至市内的“伊冯娜之家”餐厅（Chez Yvonne）举行晚宴，虽然称之为晚宴，其实只有两国首长和数名官员及关系密切的人参加，而且还和一般顾客一同用餐。

“伊冯娜之家”是希拉克总统以前常光顾的餐厅，客人座席约有三十个左右，非常迷你而精致，女主人伊冯娜·海拉亲自穿梭在餐桌中为客人点菜，有时还会和客人开开玩笑。坦率不造作的气氛是希拉克总统最喜欢的一点，因此他自己要求在这里和科尔总理一起用餐。

斯特拉斯堡最初是阿尔萨斯地区的中心都市，选择这里作为会见科尔总理的场所是有特殊理由的。在近一百年的时间里，两国三度交战，目的是为了争夺阿尔萨斯和洛林地区。第二次世界大战结束后，这两个地区归于法国。战后的斯特拉斯堡举行过欧盟的欧洲议会和欧洲人权会议，成为象征欧洲整合的代表都市，从地理位置上来看，斯特拉斯堡就像是欧洲的十字路口，因此法国甚至有这样的构想，希望“斯特拉斯堡能作为将来欧洲整合后的首都”。选择这里作为德法两国首长第一次会面的地方，是希望德法能以和平互助为外交主轴，合力推进欧洲的整合。另外，斯特拉斯堡就在科尔总理出生地莱茵区不远的地方，当地的阿尔萨斯菜与科尔总理的家乡菜几乎相同，因此选择斯特拉斯堡作为德法首长会谈和宴会的场所是再适合不过的了。

那天夜里，“伊冯娜之家”，餐厅高朋满座，希拉克总统和科尔总理由贴身护卫引导进入店里，热络嘈杂的声音瞬间停止，二人笑容满面地向周围的顾客道声晚安，然后走到餐桌的位子上，客人们纷纷鼓掌表示欢迎。两人首先向女主人海拉点阿尔萨斯当地著名的“菲舍尔”（Fischer）啤酒。

身为德国人的科尔总理喜爱啤酒是理所当然的，而身为法国人的希拉克总统刚好也是少数的啤酒爱好者之一。在这样随性的场合中用餐，啤酒比起红酒来要适合得多，而且冰冰凉凉的啤酒是他的最爱，当然不能错过。一般的法国人平常不像日本人那样可以连喝好几瓶冰啤酒，只浅尝几口，但就这一点来说，希拉克总统显然是个异数。

啤酒杯里一倒满酒，两人就互相干杯，希拉克总统贺道：“祝科尔总理永远像现在一样活跃和健康。”而科尔总理回应：“敬希拉克总统和德法两国国民。”

希拉克总统和科尔总理都是讲究吃的美食家，同时也是大胃王。菜色全都委托希拉克总统信赖的女主人海拉小姐来安排。这天夜里，除了前菜、主菜之外，还推出餐厅的招牌菜色，两人兴致勃勃地全部下肚。

菜单内容如下：

鹅肝肉糊馅饼

阿尔萨斯扇贝

奶油水果馅饼

穆索沙拉

法式腌酸菜

牛头杂煮

阿尔萨斯乳酪

梨子馅饼

阿尔萨斯菜之丰富，在法国是首屈一指的，正因如此才能提供这么多样的菜单。同时，菜单中没有一样是造作的，可以说是相当朴实的庶民食品，这样的菜在爱丽舍宫是不可能端上桌的。其中用内脏和肉类烹调的菜色，刚好符合两位首长的口味，两位美食家又可以大快朵颐一番了。

“穆索”这道菜是用牛的两颊和下颚肉做成，以盐腌渍过后切成薄片，拌上洋葱一起吃。法式腌酸菜是将盐渍发酵的高丽菜切碎，然后和腊肠、猪肉、马铃薯一起搭配而成，是这个地方的一道名菜。杂煮牛头则是将牛头长时间熬煮成烂熟，是法国最普通的家常菜，也是希拉克总统最喜欢的一道菜，甚至在5月的总统大选中，有人将希拉克总统比喻成杂煮牛头，从而引发了一场唇枪舌剑。事情是这样的，这次的大选中，由保守阵营推出的希拉克总统和巴拉杜总理顺利当上候选人，而社会党则在候选人推出之前就展开了一番激烈的骨肉之争。有一次，巴拉杜总理在电视节目中被主持人问道：“民意调查显示，希拉克总统有一部分票来自左派，是不是真的?”总理回答说：“杂煮牛头本来就和鱼子酱很合嘛。”这里提到的“鱼子酱”其实是指那些高喊着“解放被压迫者”的左派理论、私下却极尽奢华的人，同时嘲讽“支持希拉克的其实都是些假左派人士”。几天后，总理出现在一般大众的餐厅里，特别点了杂煮牛头这道菜，在摄影师前假惺惺演出享用杂煮牛头的镜头，虽然嘴里说着“嗯，这道菜真是美味”，其实是想博得平民阶级的认同。

话题拉回来。两位首长的饮料除了啤酒之外，还有1989年制的托凯 · 灰皮诺葡萄酒（Tokay Pinot Gris），这是带着一点甜味的酒，搭配鹅肝肉糊馅饼是很好的组合，但是两人才沾了一口红酒立刻又回到啤酒上去了。

两人畅快地享用着女主人不断端上来的菜肴，同时一边通过翻译迫不及待地想了解对方的谈话，一边还畅饮着啤酒，两边的幕僚、贴身护卫都大吃一惊，觉得眼前的景象不可思议。

科尔总理特别高兴，用德文兴奋地说："这里的菜真是无懈可击，我真的太喜欢了，现在才了解为什么希拉克总统要选择这里作为初会面的场所。"女主人以德语回应："今后如果吃腻了德国菜，欢迎再光临我们餐厅。"

从前两位首长对彼此的了解仅限于知道对方是政治人物而已，但是从这一次餐会之后，彼此间产生了亲密的认同感。同是美食家的两个人通过餐点互相了解彼此的意见，使得双方的互信关系有了良好的开始，密特朗总统和科尔总理花了将近十三年的时间建立起的友谊，以及以这份友谊为基础的德法关系，从这天晚上的聚会之后，就变成以希拉克、科尔为基轴转动了。

在第二次世界大战中曾互为敌人的德法两国，在 1963 年戴高乐总统和阿登纳总理签署爱丽舍条约后终于达成和解。两位首长站在人权的基点上相互结盟，促进两国关系这才有了真正实质上的开始。接下来，德法的友好关系全都仰赖德斯坦总统和施密特总理、密特朗总统和科尔总理之间的良性互动，以信赖关系为基轴才得以向前迈进。

以密特朗总统为例，在任职期间与各国首长的互动中，他与科尔总理构筑的情谊最深。密特朗总统于 1981 年 5 月上台，而科尔总理则是 1982 年的 10 月当选，两人先后接掌政权，从这个时候起一直到 1999 年 5 月密特朗总统下台为止，前后一共十三年的时间，同心协力历经了欧洲的整合政策。虽然在发达国家是很稀有的事，但执政时间可以长达十三年，这应该归功于两位首长对彼此有深刻的认识，进而对政绩有好的影响吧。

两人互相以"赫尔穆特"和"弗朗索瓦"来称呼对方，平均一个月会面一次。甚至，科尔总理工作的办公室里除了有已故的阿登纳总理照片表示尊敬，连密特朗总统的照片也摆设出来。虽然政治立场上密特朗总统信仰社会主义，而科尔总理是保守派，但是两人都相信“只有德法携手合作，欧洲才能避免再起战火”。但实际上，两国之间也曾产生理念上的冲突。前面已经叙述过，密特朗总统在东西德统一前，担心德国的势力从此增强数倍，曾经使过延后德国统一的政治手段，这个时候，就因为两人私下的交情和信赖关系，超越了两国立场的不同，维系了德法两国之间的友好关系。

在爱丽舍宫服务四年的仪典长安利·德·克瓦涅克，近距离地观察了两人的关系之后有这样的评语：“两位首长的友谊与其说是拜把兄弟，倒不如说是一种现实的考量，为了加深德法之间的和解，必须理性地维持这份情谊。”这段话道出两人的交情其实是基于政治领导人的责任及观察下的理性产物，而不纯粹只是感性而已。

很巧合地，希拉克总统和科尔总理在斯特拉斯堡聚餐的前一年，1994 年 5 月 30 日，同样在阿尔萨斯地区，密特朗总统也曾和科尔总理举行了一场定期的首长会谈。

两国每年两次举行定期首长会谈，而第六十三次的首长会谈对于一年后即将卸任的密特朗总统来说，是任内最后一次主办的会议。会议场所选在阿尔萨斯当地的米卢斯。这天的晚宴，由执行长达韦纳委托当地二星餐厅的主厨来主办，在三个餐点方案中密特朗总统选了下列的菜单：

餐　点

鹅肝肠蔬菜汤、肉冻

缪拉尔鸭（Mulard duck）、柠檬淋汁

乳酪

巧克力慕斯和生巧克力冰淇淋

~酒~

托凯·灰皮诺(Tokay Pinot Gris) 迟摘葡萄酒 1989年

(克诺·杰夫萨尔[Clos Jebsal]酒厂)

黑皮诺(Pinot Noir) 1990年 (杰费斯·休尔鲁[Hugel Jubilee]酒厂)

格乌兹塔明那(又称琼瑶浆,Gewurtztraminer) 1991年

(奇耶志拉[Kientzler]酒厂)

在法国,阿尔萨斯和波尔多地区都是鹅肝的主要产地,这次餐宴的前菜当然是用阿尔萨斯产的鹅肝来料理。菜单中将鹅肝做成的腊肠放到菜汤里熬煮,趁热的时候上桌,而盘中还添加一些酒冻,这是用阿尔萨斯所产的托凯·灰皮诺白酒拌入洋菜凝结而成的酒冻。通常,阿尔萨斯的鹅肝要搭配带酸味的琼瑶浆白酒才好吃,但是这道温热的鹅肝,还是跟略甜的托凯·灰皮诺搭配才够味,从这一点看得出,厨师真是不简单。

接下来,搭配主菜阿尔萨斯鸭的,还是只有阿尔萨斯产的黑皮诺红酒,这是唯一选择。黑皮诺本来是葡萄品种的名称,但是一般都直接拿来作为酒的名字。一般说来,黑皮诺是属于勃艮第地区的品种,但是阿尔萨斯也有栽培。味道和勃艮第产、同名的酒比起来,稍微淡一些,水果味较浓,搭配鸭的柠檬酱汁非常适合。

而乳酪的搭配,打破以往一定用红酒的模式,侍者送上来阿尔萨斯产的琼瑶浆,虽然乳酪的种类不清楚,但从酒的选择来看应该是阿尔萨斯产的乳酪Munster。这种乳酪味道强烈,与白酒搭配起来味道比较合适,况且,琼瑶浆在味觉上的强度并不输给红酒,也不会被之前搭配主菜的红酒掩蔽了香味。最后,令人惊讶的是,竟然在筵席最

后没有香槟，而以琼瑶浆作结尾。

总体看来，筵席中使用的酒都是最好的年份生产的，特别是托凯·灰皮诺和黑皮诺的年份最好。

连品酒师看到这张菜单之后都会称赞：“一点缺陷也没有，不愧是细心斟酌的专业菜单。你甚至可以想象美食家一边赞赏餐点的美味，一边愉快地谈天说地的景象。”这场由法国主办的最后一次德法定期首长会谈飨宴，密特朗总统想要传达的只有“献上最愉快、服务最贴心的一餐”的心意，同时密特朗总统也考虑到科尔总理的食欲，指示每餐的量要多一点。

这次会谈结束的半年后，1994 年 11 月 29 日到 30 日两天，在波昂举行第六十四次的德法首长定期会谈，最后一天两国首长共同召开记者会的时候，密特朗总统因为前列腺癌恶化终于掩饰不住憔悴，但是当记者们问他，终于能完成在任十四年中最后一次定期首长会议有什么感想时，他回答：“其实我心里确实是有点感伤，但是并不想对大家强调这一点，因为从很早以前我就领悟到，人生本来就有各式各样的开始和各式各样的结束，如果每个人都必须去斟酌考虑怎样开始人生又怎样去结束人生才好的话，我宁可什么都来不及想就心脏麻痹死掉，我既无力去为人生的终结作准备，也没有打算在这一趟旅程中间向各位永别。”事实上，密特朗总统在第一天的晚宴中，很早便结束了餐会回到寝室，密特朗总统这趟出访本来安排了许多行程，但是每次都因为体力不支，还不到宴会结束就比来宾们早一步离开。

密特朗总统结束了记者招待会之后，搭乘直升机从总理官邸离开，体型高大的科尔总理一路照顾密特朗总统，直到他上了直升机。十三年，可以看得出来两人建立起多么深厚的情谊。科尔总理站在官邸的中庭目送密特朗总统，直到直升机隐没在树林之后。这次会面后的一年多，1996 年 1 月 8 日，癌症晚期的密特朗总统在巴黎第七区的家中结束了七十九年的生命，算一算，刚好是终战五十周年纪念飨宴结束后八个月的事情。

话题再回到德法建立新交情的那一晚，据爱丽舍宫的工作人员表示，在“伊冯娜之家”餐厅里希拉克总统和科尔总理晚餐会的气氛，与密特朗和科尔之间的气氛比较起来完全不同。

“如果说密特朗总统和科尔总理之间的关系是‘静’，那希拉克总统和科尔总理的关系就是‘动’。希拉克总统和科尔总理都是性格豪爽、乐观积极又爱讲话的人，谈话间玩笑不断，即使交谈需要翻译，但两边从来没有冷场的时候。相反地，密特朗总统和科尔总理的关系就像是父子一样，科尔总理总是以站立的姿势待在密特朗总统的身边，而和希拉克总统比较像同辈的朋友。”

密特朗总统生于1916年，刚好是第一次世界大战期间，而在第二次世界大战的时候，从军生涯中又曾经成为德军的俘虏。相对的，希拉克总统出生于1932年，而科尔总理出生于1930年，两人只相差两岁。因为辈分不同，使得首长会谈或是飨宴中的气氛都不一样。此外，密特朗总统因为上了年纪吃得很少，虽然考虑到科尔总理的食量，菜肴会多做一些，自己却吃得不多。现在，换成大食客的希拉克总统，飨宴的气氛当然也变得不一样了。

对两国首长的食欲感到最惊讶的，是“伊冯娜之家”的女主人海拉。她说：“虽然很早以前就知道希拉克总统是位大食客，但是科尔总理竟然不相上下！真是佩服他们两位旺盛的精力，不但话说得多，吃得多，连酒量都吓人，本来在我们店里的常客中希拉克总统的食量是第一名，现在又多了一个第一名了。”

干杯！在啤酒连连下肚之间，崭新的德法关系就此开始。

新知
文库

01 《证据：历史上最具争议的法医学案例》[美] 科林·埃文斯 著 毕小青 译

02 《香料传奇：一部由诱惑衍生的历史》[澳] 杰克·特纳 著 周子平 译

03 《查理曼大帝的桌布：一部开胃的宴会史》[英]尼科拉·弗莱彻 著 李响 译

04 《改变西方世界的 26 个字母》[英] 约翰·曼 著 江正文 译

05 《破解古埃及：一场激烈的智力竞争》[英] 莱斯利·亚京斯 著 黄中宪 译

06 《狗智慧：它们在想什么》[加] 斯坦利·科伦 著 江天帆、马云霏 译

07 《狗故事：人类历史上狗的爪印》[加] 斯坦利·科伦 著 江天帆 译

08 《血液的故事》[美] 比尔·海斯 著 郎可华 译

09 《君主制的历史》[美]布伦达·拉尔夫·刘易斯 著 荣予、方力维 译

10 《人类基因的历史地图》[美] 史蒂夫·奥尔森 著 霍达文 译

11 《隐疾：名人与人格障碍》[德] 博尔温·班德洛 著 麦湛雄 译

12 《逼近的瘟疫》[美] 劳里·加勒特 著 杨岐鸣、杨宁 译

13 《颜色的故事》[英] 维多利亚·芬利 著 姚芸竹 译

14 《我不是杀人犯》[法] 弗雷德里克·肖索依 著 孟晖 译

15 《说谎：揭穿商业、政治与婚姻中的骗局》[美] 保罗·埃克曼 著 邓伯宸 译 徐国强 校

16 《蛛丝马迹：犯罪现场专家讲述的故事》[美] 康妮·弗莱彻 著 毕小青 译

17 《战争的果实：军事冲突如何加速科技创新》[美] 迈克尔·怀特 著 卢欣渝 译

18 《口述：最早发现北美洲的中国移民》[加] 保罗·夏亚松 著 暴永宁 译

19 《私密的神话：梦之解析》[英] 安东尼·史蒂文斯 著 薛绚 译

20 《生物武器：从国家赞助的研制计划到当代生物恐怖活动》[美] 珍妮·吉耶曼 著 周子平 译

21 《疯狂实验史》[瑞士] 雷托·U. 施奈德 著 许阳 译

22 《智商测试：一段闪光的历史，一个失色的点子》[美] 斯蒂芬·默多克 著 卢欣渝 译

23 《第三帝国的艺术博物馆：希特勒与“林茨特别任务”》[德] 哈恩斯—克里斯蒂安·罗尔 著 孙书柱、刘英兰 译

24 《茶：嗜好、开拓与帝国》[英] 罗伊·莫克塞姆 著 毕小青 译

25 《路西法效应：好人是如何变成恶魔的》[美] 菲利普·津巴多 著 孙佩妏、陈雅馨 译

26 《阿司匹林传奇》[英] 迪尔米德·杰弗里斯 著 暴永宁 译

27 《美味欺诈：食品造假与打假的历史》[英] 比·威尔逊 著 周继岚 译

28 《英国人的言行潜规则》[英]凯特·福克斯 著 姚芸竹 译

29 《战争的文化》[美] 马丁·范克勒韦尔德 著 李阳 译

30 《大背叛：科学中的欺诈》[美] 霍勒斯·弗里兰·贾德森 著 张铁梅、徐国强 译

31 《多重宇宙：一个世界太少了？》[德] 托比阿斯·胡阿特、马克斯·劳纳 著 车云 译

32 《现代医学的偶然发现》[美] 默顿·迈耶斯 著 周子平 译

33 《咖啡机中的间谍：个人隐私的终结》[英] 奥哈拉、沙德博尔特 著 毕小青 译

34 《洞穴奇案》[美] 彼得·萨伯 著 陈福勇、张世泰 译

35 《权力的餐桌：从古希腊宴会到爱丽舍宫》[法]让—马克·阿尔贝 著 刘可有、刘惠杰 译

36 《致命元素：毒药的历史》[英]约翰·埃姆斯利 著 毕小青 译

37 《神祇、陵墓与学者：考古学传奇》[德]C. W. 策拉姆 著 张芸、孟薇 译

38 《谋杀手段：用刑侦科学破解致命罪案》[德]马克·贝内克 著 李响 译

39 《为什么不杀光？种族大屠杀的反思》[法] 丹尼尔·希罗、克拉克·麦考利 著 薛绚 译

40 《伊索尔德的魔汤：春药的文化史》[德] 克劳迪娅·米勒—埃贝林、克里斯蒂安·拉奇 著 王泰智、沈惠珠 译

41 《错引耶稣：〈圣经〉传抄、更改的内幕》[美] 巴特·埃尔曼 著 黄恩邻 译

42 《百变小红帽：一则童话中的性、道德及演变》[美] 凯瑟琳·奥兰丝汀 著 杨淑智 译

43 《穆斯林发现欧洲：天下大国的视野转换》[美] 伯纳德·刘易斯 著 李中文 译

44 《烟火撩人：香烟的历史》[法] 迪迪埃·努里松 著 陈睿、李欣 译

45 《菜单中的秘密：爱丽舍宫的飨宴》[日] 西川惠 著 尤可欣 译